电力信息系统运行风险评估规范

骆书剑　主编

中国原子能出版社

图书在版编目（CIP）数据

电力信息系统运行风险评估规范 / 骆书剑主编.

北京：中国原子能出版社，2024. 11. -- ISBN 978-7
-5221-3873-2

Ⅰ. TM732

中国国家版本馆 CIP 数据核字第 2024F7D320 号

电力信息系统运行风险评估规范

出版发行	中国原子能出版社（北京市海淀区阜成路 43 号　100048）	
责任编辑	陈　喆	
责任印制	赵　明	
印　　刷	北京天恒嘉业印刷有限公司	
经　　销	全国新华书店	
开　　本	787 mm×1092 mm　1/16	
印　　张	10.75	
字　　数	151 千字	
版　　次	2024 年 11 月第 1 版　2024 年 11 月第 1 次印刷	
书　　号	ISBN 978-7-5221-3873-2　　　定　价　**63.00 元**	

网址：http://www.aep.com.cn　　　　E-mail：atomep123@126.com
发行电话：010-68452845

编委会

编委会成员简介

骆书剑，男，汉族，1987 年 7 月出生，江苏盐城人。目前就职于广东电网公司企业架构与数字化部，职称为高级工程师。毕业于华北电力大学，硕士学位，主要研究方向为电力数字化与信息运行管理。

唐亮亮，男，汉族，1985 年 11 月出生，广西桂林人。目前就职于广东电网公司企业架构与数字化部，职称为高级工程师。毕业于上海交通大学，硕士学位，主要研究方向为电力数字化与网络安全运行管理。

何明东，男，汉族，1985 年 10 月出生，广东梅州人。目前就职于广东电网公司信息中心，职称为高级工程师。毕业于广东工业大学，硕士学位，主要研究方向为电力数字化与网络安全运行管理。

叶嘉铮，男，汉族，1993 年 7 月出生，广东梅州人。目前就职于广东电网公司梅州供电局信息中心，职称为工程师。毕业于华南理工大学，本科工学学位，主要研究方向为电力数字化与网络安全运行管理。

　　电力信息系统作为现代电力行业运行的核心支撑，承担着电力生产、调度、营销、管理等多方面的信息化任务，其运行的安全性和可靠性直接关系到电力系统的稳定运行与经济效益。然而，随着信息技术的快速发展，电力信息系统的规模和复杂性不断增加，网络环境日益开放，系统运行面临的风险也日趋多样化和复杂化。从网络攻击到设备故障，从软件漏洞到人员操作失误，各类风险对电力信息系统的正常运行构成潜在威胁。为确保电力信息系统在日益复杂的环境中能够持续、安全、高效地运行，对其运行风险进行科学、系统的评估成为当前电力行业亟待解决的重要课题。电力信息系统运行风险评估是通过识别、分析和量化系统中潜在的安全威胁和运行隐患，评估其对系统运行的影响程度，进而提出针对性防范措施的过程。通过构建科学的电力信息系统运行风险评估规范，不仅可以帮助电力企业全面、系统地掌握系统运行的风险状况，还能够为风险的分级管控和精准治理提供依据，进一步提升电力信息系统的运行安全性和可靠性。这一规范的实施有助于电力行业整体风险管理水平的提升，同时为我国电力系统向数字化、智能化转型提供重要的技术支持和安全保障。

　　本书系统阐述电力信息系统运行风险评估规范的研究背景、方法论基础和具体实施框架。全书从理论到实践，从国内外现状对比到评估机制设计，层层递进，构建了一套适应复杂电力信息系统运行特点的风险评估机制。本书围绕研究背景展开，分析了国家政策、电力企业发展需求以及国内外风险评估机制的现状与差异，明确了研究目标和思路；深入解析评估机制的设计原则，包括系统性、主动预防、源头控制等，并详述风险计算、风险要素分析与评估流程的研究过程；提出适用于复杂电力信息系统的风险评估规范，涵盖风险定义、分析原理、评估流程以及应用场景，重点突出其在综合评估和重大变更评估中的实用价值。

通过对电力信息系统运行中"人、物、环境、管理"四个维度风险要素的全面剖析，本书从定性与定量相结合的角度，提供了一套科学、高效的评估模型。同时，在风险识别、分析与控制环节，规范设计了清晰的工作流程，为评估工作的实施提供了操作指南。书中还结合实际应用场景，探讨了风险评估机制在年度综合评估和重大变更评估中的具体应用。

本书注重理论与实践结合，通过系统梳理国内外风险评估机制现状，提炼出适应电力行业特点的评估方法，为规范的构建奠定了坚实的理论基础；聚焦复杂电力信息系统的特殊性，充分考虑系统架构的复杂性和运行场景的多样性，提出了一套具有前瞻性和适应性的评估框架；强调定量分析与动态响应能力，在传统风险评估方法的基础上，引入数据驱动的分析模型和动态计算机制，提升了风险评估的科学性和时效性；重视实际应用价值，通过多个典型应用场景的分析，规范不仅服务于日常的风险监测与管理，还能为重大工程变更和突发事件应急提供决策支持。本书的目标是为电力行业提供一套实用、高效的风险评估工具，希望能够在推动电力信息系统安全运行的同时，为行业规范的制定和技术的持续创新贡献力量。

目录

第一章　研究背景

第一节　规范研究背景

一、国家政策引导推动

（一）国家政策推动数字中国创新发展

当前，以数字技术为代表的新一轮科技革命和产业变革蓬勃发展，云计算、大数据、物联网、移动互联、人工智能等数字技术快速崛起并加速融合，对经济社会发展和生产生活方式带来深远影响。

党的十八大以来，以习近平同志为核心的党中央高度重视数字生态建设，"十四五"规划和2035年远景目标纲要作出"营造良好数字生态"的重要部署，明确了数字生态建设的目标要求、主攻方向、重点任务。着力营造开放、健康、安全的数字生态，是"十四五"时期加快建设网络强国和数字中国、推动经济社会高质量发展的重要战略任务。2022年《政府工作报告》提出，促进数字经济发展，加强数字中国建设整体布局。这是自2017年以来，《政府作报告》第四次提及数字经济。

党的二十大报告指出，要加快建设网络强国、数字中国。数字中国是数字时代推进中国式现代化的重要引擎，是构筑国家竞争新优势的有力支撑。由中共中央、国务院印发的《数字中国建设整体布局规划》（以下简称《规划》），提出到2025年，基本形成横向打通、纵向贯通、协调有力的一体化推进格局，数字中国建设取得重要进展。到2035年，数字化发展水平进入世界前列，数字中国建设取得重大成就。

《规划》明确,数字中国建设按照"2522"的整体框架进行布局,即夯实数字基础设施和数据资源体系"两大基础",推进数字技术与经济、政治、文化、社会、生态文明建设"五位一体"深度融合,强化数字技术创新体系和数字安全屏障"两大能力",优化数字化发展国内国际"两个环境",如图1-1所示。

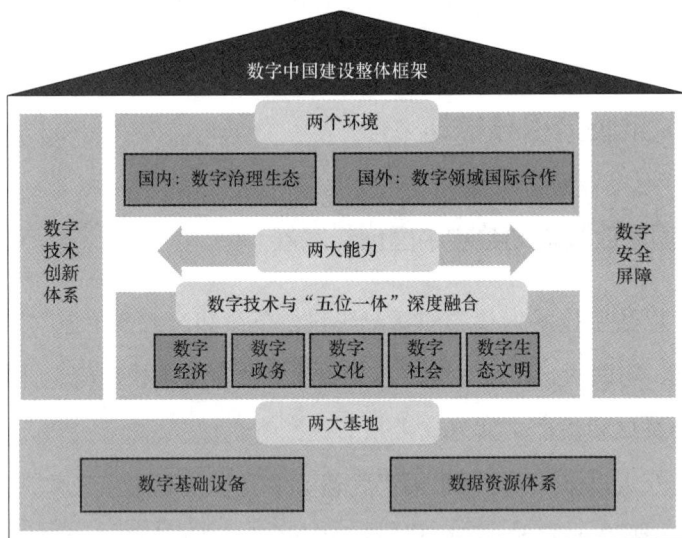

图1-1 数字中国"2522"整体框架

至2022年,各地区、各部门、各领域积极探索实践,深入推进数字基础设施、数据资源体系建设,促进数字技术与经济、政治、文化、社会、生态文明建设各领域深度融合,加快数字技术创新步伐,提升数字安全保障水平,营造良好数字治理生态,积极拓展数字领域国际合作,数字中国建设进入整体布局、全面推进的新阶段。

(二)国家政策推动国家电网数字化转型

2021年,国资委印发了《关于加快推进国有企业数字化转型工作的通知》,为国企数字化转型指明了方向。数字化是适应能源革命和数字革命相融并进趋势的必然选择。随着大云物移智等现代信息技术和能源技术深度融合、广泛应用，能源转型的数字化、智能化特征进一步凸显。无论是适应新能源大规模高比例并网和消纳要求，还是支撑分布式能源、储能、电动汽车等交互式、移动式设施广泛接入，都需要以数字技术为电网赋能，促进源网荷储协调互动，推动电网向更加智慧、更加泛在、更加友好的能源互联网升级，持续提高能源供给清洁化、终端消费电气化、系统运转高效化水平，在引领能源生产和消费革命中发挥更大作用。

数字化是提升管理改善服务的内在要求。南网电网运营着全球电压等级高、能源资源配置能力强、并网新能源规模大的特大型电网，迫切需要以数字化、现代化手段推进管理变革，实现经营管理全过程实时感知、可视可控、精益高效，促进发展质量、效率和效益全面提升。面对日益多元化、个性化和互动化的客户需求，也需要以数字化提高电力精准服务、便捷服务、智能服务水平，提升客户获得感和满意度。

数字化是育新机开新局培育新增长点的强大引擎。加快数字化转型、发展数字经济已成为国内外大型企业促进新旧动能转换、培育竞争新优势的普遍选择。前几年全球蔓延的疫情进一步加速了数字化进程，线上消费、新零售等数字经济新模式、新业态不断涌现、蓬勃发展。经过这些年的发展，南方电网在网络、平台、用户、数据等方面拥有丰富资源。在电价持续降低、经营压力巨大的严峻形势下，深挖资源价值和潜力，以数字化改造提升传统业务、促进产业升级，开拓能源数字经济这一巨大蓝海市场，是走出发展困境、培育新动能、开辟新空间的必由之路。

二、南网工作发展战略纲要

（一）数字电网建设新思路

南方电网公司以习近平总书记关于网络强国的重要思想为指引，以公司发展战略纲要为引领，深度应用基于云平台的互联网、人工智能、大数据、物联网等新技术，实施"4321"建设方案，建设四大业务平台，即建设电网管理平台、客户服务平台、调度运行平台、企业级运营管控平台。运用电网管理平台和调度运行平台支持智能电网建设、运行和管控，运用电网管理平台、客户服务平台、调度运行平台支持能源价值链整合和能源生态服务，运用电网管理平台和企业级运营管控平台支持公司管理和决策。

建设三大基础平台，即建设南网云平台、电网数字化平台，物联网平台。运用南网云平台，支撑公司四大业务平台建设和运行，运用数字电网，支撑数字运营和数字能源生态，运用公司全域物联网，实现公司全域数据的有效采集、传输、存储。

实现两个对接，即对接国家工业互联网，实现与国家相关产业信息和服务的互联互通，对接数字政府及粤港澳大湾区利益相关方，全力服务、全面融入粤港澳大湾区建设。

建设完善一个中心，即建设完善公司统一的数据中心，实现全类型数据的全生命周期管理，提供各类大数据服务。最终实现"电网状态全感知、企业管理全在线、运营数据全管控、客户服务全新体验、能源发展合作共赢"的数字南网。

（二）数字化转型战略部署

2019 年，南方电网公司董事长、党组书记孟振平对数字化工作进行部署，提出要坚决贯彻落实习近平总书记关于网络安全和信息化工作的重要论述，认真落实党的十九大对建设网络强国、数字中国、智慧社会作出的战略部署，建设世界一流智能电网，为粤港澳大湾区发展提供一流的能源保障，紧紧把握第四次工业革命的历史机遇。以国家队地位、平台型企业、价值链整合者的基本定位，将先进数字技术与业务深度融合，建成覆盖电网全环节、贯穿业务全过程、辐射能源产业链上下游的数字平台。明确提出"数字南网"建设要求，将数字化作为公司发展战略路径之一，加快部署数字化建设和转型工作。以数字电网、数字运营、数字能源生态建设推动公司向"数字电网运营商、能源产业价值链整合商、能源生态系统服务商"战略转型,建设具有全球竞争力的世界一流企业。

1. 2019 年:全面建成基于云数一体的数字化基础平台

2019年,南方电网公司研究提出数字电网建设和数字化转型的战略部署。数字电网是以物理电网为基础,以数据为生产要素,新一代数字技术与电网技术、业务、生态融合的新型能源网络。数字电网依托强大的"电力+算力",以物理电网为基础,以云计算、大数据、物联网、移动互联网、人工智能等数字技术为手段,有效贯通电力系统各环节的能量流、信息流、价值流,在数字物理电网、数字企业运营、数字客户服务、数字经济产业四大方面共享互联。

2019 年 1 月,孟振平董事长在南方电网公司工作会议上第一次把数字化转型升级到公司战略高度,将数字化转型作为支撑公司"三商"转型的重要战略路径。2019 年 4 月,孟振平董事长发表《把握第四次工业革命的历史机遇以数字化推进电网企业战略转型》署名文章,正式拉开了数字南网建设序幕。

2019 年 7 月,南网云平台主节点投运,总体上采用"一级管理多节点部署"的方式提供 101 台云计算服务节点。2019 年 9 月,南方电网人工智能平台上线。重点研究人工智能技术在交直流混联的复杂大电网中的应用,突破传统技术瓶颈,提高大电网安全稳定水平;充分发挥人工智能技术在改变作业模式、促进管理流程优化、提升企业科学决策水平等方面的作用,将业务人员从繁杂重复的操作中解放出来,提升公司生产、管理和运营效率。

2019 年 12 月,南方电网公司将传统的旁站式数据中心升级为底座式数据中心。推动全域数据统一汇聚、数字电网模型统一设计、海量数据统一存储、大数据分析计算组件统一支撑,切实打通数据壁垒,沉淀公共数据服务,成为释放大数据价值的新引擎。2019 年 12 月,南方电网公司基于企业中台建设客户服务平台。公司融合线上、线下各种服务渠道，支持随时沟通互动，为员工、客户、供应商、合作伙伴、政府机构等提供实时、按需、全在线、个性化和社交化的用户体验，并与电网管理平台实现数据共享和业务贯通，确保企业管理业务与营销服务的无缝对接。

到 2019 年，南方电网将基本建成数字电网，全面建成基于云数一体的数字基础平台和业务平台，基本形成与数字政府、国家工业互联网、能源产业链上下游互联互通格局，具备支撑实现治理现代化、战略转型的能力，具备将传统电网功能扩展至社会各个方面的能力，数字化具备世界一流企业的基本特征。

2. 2020 年：深化平台应用，推动业务变革

由于电网的发、输、变、配电过程产生巨量的能量流、资金流、物流、业务流等，形成海量的"数据富矿"，与能源产业链上下游、工业互联网、数字政府对接沟通，为提升能源行业治理、社会治理创造新空间。

为实现这一蓝图，南方电网公司积极推进数字化转型和数字电网建设工作，发布了《南方电网公司数字化转型和数字电网建设行动方案（2020 年版）》（以下简称"方案"），提出南网云以"私有云＋公有云"的混合模式开展统一建设，建立向政府和社会提供公共服务的能力，服务能源产业上下游，服务城乡信息化融合发展。到 2020 年，南方电网将深化平台应用推动业务，实现业务变革。

2020 年，全面建成南网私有云，具备应用同城双活灾备能力，全网云平台规模超 2 476 台服务器，大幅提升应用安全与稳定运行能力。2020 年年中，孟振平董事长在南方电网公司工作座谈会上提出技术驱动、业务需求驱动的"双驱动"构想，作出数字电网与智能电网的概念辨析，要求准确把握信息化、数字化、智能化、智慧化的内涵和关系。

2020 年 8 月，运营管理平台上线。南方电网公司基于运营管控平台，打造了具有南网特色的"三横两纵"的运营管控体系，实现网、省、地纵向贯

通，公司运管与专业运管有效衔接。2020 年 12 月，南网"智瞰""智搜"上线。南方电网公司通过南网"智瞰"构建统一的地理信息服务体系，制定统一地图服务标准，基于电网统一数据模型，贯通发、输、变、配、用，实现全域设备的时空数字互联，通过南网"智搜"，实现对企业全业务、全类型、全时态数据、信息和知识的准确查询与便捷获取，支持数据和信息的"应收即收、应算即算、应搜尽搜"支撑数字电网向更加智慧、更加泛在、更加友好的能源互联网升级。

2020 年，南网公有云平台正式投入运行。这是南方电网公司数字电网建设的又一个重要里程碑。南网公有云作为承载南方电网公司面向政府服务及行业应用的载体，致力服务于产业链上下游企业，打造数字经济新业态。

当前，南方电网公司紧紧把握国家"新基建"战略的历史机遇，跨越物理电网边界，通过南网公有云向电力行业企业输送电力即算力的服务，赋能电力能源行业，实现电网能力向产业链上下游，能源链上下游，以及电力数据链上下游的延伸，推动与数字政府的互联互通，建立向政府和社会提供公共服务的能力，打造公司数字经济新业态与新的经济增长点。

据悉，南网公有云由公司数字化部牵头组织建设，按照"技术先进、开放合作；专业运营、逐步拓展；加强管控、严守底线"的工作原则，对标国内外先进公有云服务商，融合先进技术建设而成。目前可提供计算虚拟化、网络虚拟化、存储虚拟化、容器、微服务治理、人工智能、物联网等云服务，后续能力将不断丰富。南网公有云作为南网与产业链融合的纽带与桥梁，有助于落实公司社会责任，提升企业形象。

3. 2021 年：数字电网建设促进"三商"转型

2021 年 1 月，南方电网公司启动数字化转型和数字电网建设促进三商转型研究。2021 年 5 月，举办数字电网推动构建新型电力系统专家研讨会。2021年 7 月，发布《南方电网公司数字化转型和数字电网建设促进"三商"转型行动方案》。2021 年 11 月，参加"首届数字政府建设峰会成果展"，充分展示以数字电网助力数字政府建设相关成果。

4. 2022 年：南方电网公司数字化转型基本完成

2022 年《南方电网公司"十四五"数字化规划》（以下简称《规划》）发布。根据《规划》，"十四五"期间，电网公司数字化规划总投资估算资金超 260 亿元，到 2022 年，南方电网公司数字化转型基本完成，数字化能源产业生态初步形成，数字电网作用至能源产业上下游及社会各个方面的格局基本形成。并将进一步把数字技术作为核心生产力，数据作为关键生产要素，"巩固、完善、提升、发展"的总体策略推进数字化转型及数字电网建设可持续发展，推动电网向安全、可靠、绿色高效、智能转型升级。

到 2025 年，要在数字电网智能化程度、数字运营效率、客户优质服务水平、数字产业成效、运营能力、技术底座支撑能力、数据要素化价值化、网络安全防护及运维水平等八个方面实现全面领先，全面建成数字电网，重点领域达到世界一流水平，成为数字化转型标杆企业。

三、广东电网业务开展需求

为全面承接数字电网建设任务，打造数字化转型名片，广东电网"十四五"规划提出"大力提升电网数字化智能化水平"的重点任务，到 2025 年，全面建成数字电网，电网与数字基础设施实现深度融合，数字化智能化特征充分显现。经过近两年建设，数字电网基本建成。公司初步构建了南网云，具备 IT 资源按需供给、人工智能、物联网、大数据服务赋能能力；电网管理平台上线运行，客户服务平台、调度运行平台、战略运营管控平台正常运转，积极探索了智能应答机器人、智能搜索、无人机图像识别等人工智能等技术与业务融合应用；初步实现与国家工业互联网对接、与数字政府以及粤港澳大湾区利益相关方对接；能源配置更加优化、企业提质增效更加显著、优质供电服务水平大幅提升、新兴业务成功布局，有力支撑了公司"三商转型"，为数字经济高质量发展贡献了南网力量。

随着数字化转型的不断深化，电力信息系统的架构日趋复杂，尤其是在电网管理平台、客户服务平台等关键系统的网级集中部署过程中，技术更新和数据链路的拓展对系统安全运行提出了更高的要求。主要体现在：

（1）运维保障能力的适应性：随着"云大物移智"等新兴技术的广泛应用，传统运维保障模式面临适应性挑战。现有运维体系如何有效支持新技术的实施，如何提升运维能力以应对技术快速发展带来的变化，并保障系统的稳定运行，成为当前亟需关注的方向。

（2）系统安全运行形势的复杂性：在信息系统网省集中部署的背景下，系统的运行风险逐步趋于集中化和复杂化。随着软硬件节点数量的增多和数据链路的延长，潜在风险隐患日益增多，导致信息系统运行事件增多，对业务安全稳定开展带来更多挑战。

（3）风险评估机制的完善：尽管当前已有一定的风险管理措施，但在应对日益复杂的电力信息系统时，现有的评估机制与标准尚未完全适应，难以对信息系统运行风险进行全面客观评估，如何建立更加科学、全面的风险评估框架，提升风险管控水平，并确保在实际运维过程中形成有效的闭环管理机制，仍须作为重点考虑方面。

第二节　规范研究目标

针对系统安全运行形势严峻、运维保障能力和风险管控水平等问题，需结合公司数字化转型发展趋势，融合电力安全生产风险管理体系，立足"基于风险、系统化、规范化、持续改进"的核心思想开展复杂电力信息系统运行风险评估规范研究，聚焦风险评估环节，健全数字化专业安全生产风险管理体系。

通过打造一套持续改进的电力信息系统运行风险评估机制，制定电力信息系统运行风险评估规范，全面辨识电力信息系统危害，对电力信息系统运行风险进行系统、科学地评估并确定相应等级。通过相关机制和规范的制定，为现行开展电力信息系统运行风险管控工作提供焦点与指引，从而进一步强化风险防控与安全运维能力，以应对日益严峻的系统安全运营形势。这些努力将有助于推动电力信息系统的风险管控在立体化、源头化和透明化方面的持续探索，提升在数字化领域的本质安全水平。

第三节　规范研究思路

本次研究主要采用文献研究法，通过搜集和查阅大量关于风险评估模型领域的国内外文献，对比分析风险评估模型构建方法、评估指标与评估方式，学习国内外先进风险评估理念，参考《信息安全技术信息安全风险评估方法》《工业控制系统风险评估实施指南》《金融信息系统网络安全风险评估规范》《安全与韧性业务连续性管理体系要求》《电网运行风险监测、评估及可视化技术规范》《电力监控系统网络安全评估指南》等标准，借鉴 NIST、OCTAVE、COBIT 等风险评估框架，从风险相关定义、风险域划分、风险要素关系、风险分析原理、风险评估流程等九个维度进行解析，提炼这些风险评估方法和框架的共性特征，找出其中可完善的地方，结合复杂电力信息系统的独特性和实际需求，形成一套科学、全面、实用的电力信息系统运行风险评估流程和方法。

我们从风险相关定义、风险域划分、风险要素关系、风险分析原理、风险评估流程等九个维度进行解析，提炼这些风险评估方法和框架的共性特征。结合复杂电力信息系统的独特性和实际需求，形成了一套电力信息系统运行风险评估流程和方法。这套流程和方法不仅考虑了复杂电力信息系统的特殊性，还兼顾了实际操作的便捷性和有效性，旨在为复杂电力信息系统的运行安全管理提供科学、全面的风险评估支持。

第二章 风险评估机制现状与建设思考

第一节 国外风险评估机制现状

一、美国国家标准与技术研究所 SP 800-30 修订版 1：原信息技术体系风险管理指南

（一）基本信息

名称：《美国国家标准与技术研究所 SP 800-30 修订版 1：原信息技术体系风险管理指南》（NIST SP 800-30 Rev.1：Guide for Conducting Risk Assessments）。

发布时间：2012 年。

发布/归口单位：NIST（美国国家标准与技术研究所）。

适用范围：系统开发生命周期（SDLC）的各阶段（包括五个阶段：启动、开发或获取、实施、运行或维护、销毁）

（二）产生背景

SP 800-30 是美国国家标准与技术研究院（NIST）发布的一项重要标准，也是《美国信息安全管理法案》（FISMA）实施过程中核心指南之一。该标准首次发布于 2002 年 7 月，原名为《IT 系统风险管理指南》。SP 800-30 将风险

管理视为 IT 安全规划中的关键组成部分，强调保护组织及其使命执行能力的重要性，而不仅仅局限于保护 IT 资产。因此，风险管理不应仅仅视为 IT 操作和管理人员的技术职责，更应视为组织整体管理职能的一部分。

标准的首版内容涵盖了风险管理的基本概念、风险评估、风险减缓以及后续评估与反馈等方面。在风险管理概述部分，标准详细描述了风险管理在 IT 系统开发生命周期（SDLC）中的应用，涉及五个主要阶段：启动、开发或获取、实施、运行与维护以及销毁。标准还明确了风险管理过程中各关键人员的角色和职责。总体而言，风险管理包括三个核心过程：风险评估、风险减缓以及后续评估。

在风险评估部分，标准将其划分为九个步骤，包括：系统特征描述、威胁识别、脆弱性分析、控制措施分析、影响可能性与信息技术标准化、影响分析、风险确定、推荐控制措施和结果文档编制。每个步骤所需执行的活动均在标准中进行了详细说明。

风险减缓是风险管理中的第二个关键过程，着重于对评估过程中提出的控制措施进行优先级排序、评估和实施。标准在此部分深入探讨了风险减缓策略、控制措施实施方法、分类标准、成本效益分析及残余风险等内容。鉴于风险管理是一个持续性的过程，标准还强调，保持良好的安全实践和持续的风险评估与反馈，是实现长期有效风险管理的关键。

随着联邦信息系统认证与认可制度从静态管理转向动态持续监控，FISMA 的风险管理框架也在不断修订和完善。为适应 FISMA 的新要求，NIST 启动了多个标准和指南的更新工作，包括 SP 800-39、SP 800-37、SP 800-53、SP 800-53A、SP 800-30 等。2011 年 3 月 1 日，NIST 发布了 SP 800-39《管理信息安全风险：从组织、使命和信息系统的视角》，该版本被认为是联邦信息系统风险管理的"核心文献"。

同年 9 月，NIST 发布了 SP 800-30 的修订草案，并将标准标题更改为《风险评估实施指南》（Guide for Conducting Risk Assessments）。由于 SP 800-39 已在当年早些时候成为 FISMA 框架下的主要风险管理指南，更新后的 SP

800-30 专注于风险评估的执行，成为风险管理四个主要步骤之一的核心内容。与 2002 年首版相比，修订后的 SP 800-30 在结构和内容上都有了显著的调整和完善。

（三）内容简介

SP 800-30 提供了风险评估的基本概念，并详细介绍了风险评估过程的各项指导原则，涵盖了准备阶段的关键活动、实施过程中的必要步骤，以及如何持续维护和更新评估结果。除了提供全面的风险评估框架外，SP 800-30 还进一步阐明了如何将该评估过程与 SP 800-39 所定义的三层风险管理结构相结合。该结构包括：组织层、使命/业务流程层和信息系统层。为便于实际应用，标准还附有关于威胁源、潜在威胁事件、脆弱性、诱发条件、发生概率、影响程度以及风险优先级排序等方面的参考附录，供组织在实施风险评估时参考与使用。

（四）风险相关定义

在 SP 800-39 中，风险相关的术语并未进行专门定义。

（五）风险域划分

在 SP 800-39 中，风险评估被视为风险管理过程中的关键环节，并引入了三个层次的风险管理架构：组织层、使命/业务过程层和信息系统层，如图 2-1 所示。SP 800-30 进一步强调，风险评估应在这三个层级上开展，以确保全面的风险管理覆盖。

在组织层和业务过程层，风险评估的主要目标是评估组织治理、管理活动、业务流程及企业架构等方面的信息安全风险。同时，它还帮助识别与信息安全资金分配和战略决策相关的风险。在信息系统层，风险评估直接支持 FISMA 风险管理框架的实施。该框架包括六个关键步骤：安全分类、安全控制选择、安全控制实施、安全控制评估、信息系统授权及监控。

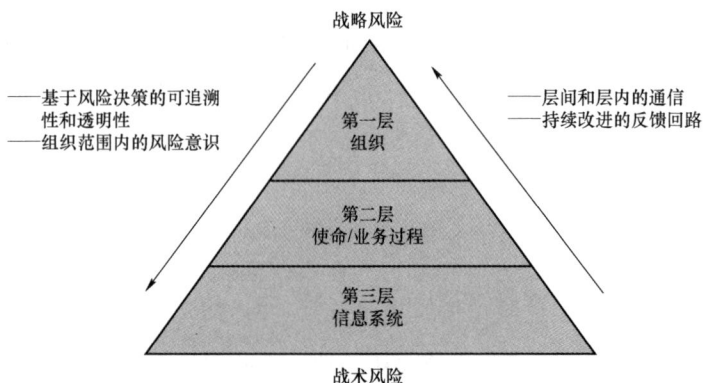

图 2-1　风险管理架构图

风险评估的范围不仅限于信息系统层（即传统的战术层），而是贯穿整个组织的战略层和战术层，从而为高层管理者提供关于是否采取应对措施处理已识别风险的重要决策依据。通过这种多层次的风险评估，组织能够更全面地识别和管理各类风险。

（六）风险要素关系

风险评估是 SP 800-39 风险管理框架中的一个核心组成部分，如图 2-2 所示。

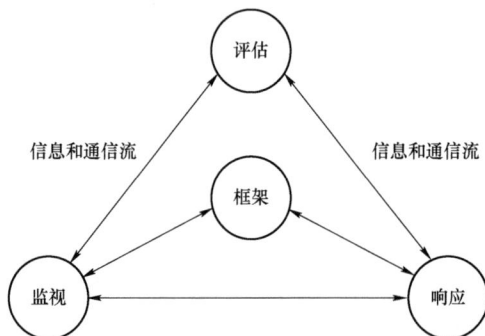

图 2-2　SP 800-39 风险管理框架图

该框架包括以下四个基本步骤。

（1）风险管理背景确定：明确风险管理活动的背景和环境，制定适当的风险管理框架。通过定义组织的风险评估策略、响应方式及监控机制，帮助组织明确如何系统性地管理风险。

（2）风险评估：识别和分析组织面临的各种风险，具体包括：确定威胁来源（如运营、资产或外部因素）；识别内部和外部的脆弱性；分析威胁如何通过这些脆弱性对组织造成潜在损害；评估损害发生的可能性与影响。

（3）风险响应：强调组织如何有效应对已识别的风险，采取适当的控制措施和行动，以减少或消除风险带来的不良影响。

（4）风险监视：确保在整个生命周期内评估结果的有效性，并根据需要进行调整和优化，以确保持续有效的风险管理。

（七）风险分析原理

原版 SP 800-30 将风险评估过程分为九个主要步骤：系统特征描述、威胁识别、脆弱性识别、控制措施分析、可能性评估、影响分析、风险确定、推荐控制措施，以及结果文档编制，并对每个步骤中的具体活动进行了详细描述。而在更新后的 SP 800-30 中，主要聚焦于风险评估过程提供了指导性建议，详细说明了如何准备、实施和维护风险评估，并对评估结果的更新流程进行了阐述。新版标准不再包含对具体风险分析步骤的详细阐述。

（八）风险评估流程

SP 800-30 中的信息安全风险评估流程如图 2-3 所示。

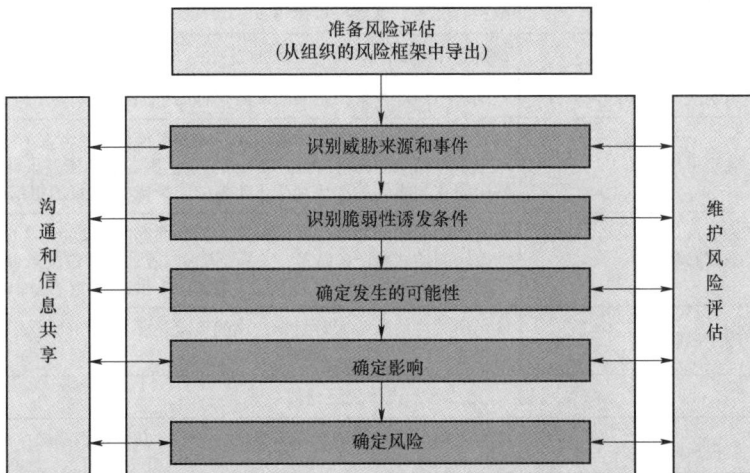

图 2-3　SP 800-30 中的信息安全风险评估流程

该流程包括以下四个关键部分：

（1）风险评估过程概述；

（2）准备风险评估所需的活动；

（3）实施风险评估所需的活动；

（4）维护评估结果的持续稳定性所需的活动。

通常，风险评估过程被划分为三个主要步骤：准备、实施和维护，见表 2-1。每个步骤可以进一步细化为多个具体任务。以下是各步骤的详细介绍及其相关任务。

表 2-1　风险评估任务表

任务	任务描述
第 1 步：准备风险评估	
任务 1-1　识别目的	识别风险评估的目的，从评估将产生的信息和评估将支持的决策的角度来看
任务 1-2　识别范围	识别风险评估的范围，从组织的适用性，支持的时间框架，以及体系架构/技术等方面的考虑出发
任务 1-3　识别假设条件和约束	识别进行风险评估的特定假设条件和约束
任务 1-4　识别信息来源	识别风险评估中使用的威胁、脆弱性和影响信息的来源
任务 1-5　完善风险模型	定义（或完善）风险评估所用的风险模型
第 2 步：进行风险评估	
任务 2-1　识别威胁源	识别组织相关的威胁源，并描述其特征，包括威胁的性质和对抗性威胁、能力、意图和目标特点
任务 2-2　识别威胁事件	识别潜在的威胁事件，与组织的相关性，以及可能启动该事件的威胁源
任务 2-3　识别脆弱性和假设条件	识别对组织产生负面影响的威胁事件的可能性的脆弱性和诱发条件
任务 2-4　确定可能性	确定对组织产生负面影响的威胁事件的可能性，要考虑（1）可能驱动该事件的威胁源的特征；（2）已识别的脆弱性和诱发条件；（3）反映阻碍这类事件的已计划或已实施的防护措施/对策的组织易感性
任务 2-5　确定影响	确定所关注的威胁事件对组织产生的负面影响，要考虑（1）可能驱动改时间的威胁源的特征；（2）已识别的脆弱性和诱发条件；（3）反映阻碍这类事件的已计划或已实施的防护措施/对策的组织易感性
任务 2-6　确定风险	确定所关注的威胁源对组织造成的风险，要考虑：（1）该事件造成的影响；（2）事件发生的可能性
第 3 步：维护风险评估	
任务 3-1　监视风险因素	持续监视可能对组织运行和资产、个人、其他组织或国家造成风险变化的因素
任务 3-2　更新风险评估	使用持续监视风险因素的结果，更新现有的风险评估

1. 准备风险评估

此阶段的主要目标是为风险评估奠定基础，建立评估背景。背景的建立应基于组织的风险管理战略，并在风险管理框架的确定阶段完成。风险评估战略应包括：

（1）风险评估实施的策略和要求；

（2）采用的评估方法；

（3）风险选择标准；

（4）评估范围、分析的严谨性及形式化程度；

（5）确保评估结果一致性和可重复性的要求。

风险评估的准备阶段的任务包括下列内容：

（1）明确评估的目的、范围、假设条件和限制；

（2）确定可用于评估的输入信息来源；

（3）定义或完善风险模型。

2. 进行风险评估

该阶段的目标是生成一份信息安全风险清单，并根据风险等级进行优先排序，以帮助决策者采取相应的风险应对措施。在此过程中，组织需要评估威胁、脆弱性、影响和发生的可能性，以及与评估过程相关的各类不确定性。评估应基于准备阶段所确立的背景，并按照既定的标准和指南进行，全面覆盖潜在威胁。实施阶段的任务包括：

（1）识别组织面临的威胁源及相关威胁事件；

（2）分析组织内可能被威胁源利用的脆弱性及诱发条件；

（3）评估威胁事件发生的可能性，以及该事件对组织的潜在影响；

（4）识别和评估威胁利用脆弱性对组织、资产、人员等方面的潜在危害；

（5）综合考虑威胁事件的发生概率和可能造成的影响，评估信息安全风险。

这些任务以顺序方式呈现，每项任务从清晰的角度进行考虑。然而，在实际操作中，它们之间可能会有所重叠。根据具体评估的目标，评估人员可以根据需要灵活调整任务的顺序。

3. 维护风险评估

这一阶段的目标是确保风险评估在时间推移中始终保持更新和有效。随着环境的变化，组织需要定期更新风险评估，以及时反映新的威胁或脆弱性，支持持续改进的风险管理决策。风险监控为组织提供了持续改进的手段，确保评估结果与当前实际情况相符，并有效应对变化。维护阶段的任务包括：

（1）持续监控评估过程中识别的风险因素，及时掌握其变化；

（2）更新风险评估中关键组件，确保其与组织实际情况相符。

通过上述三个步骤的实施，风险评估过程得以系统化，并能根据实际情况进行调整与优化。各项任务的执行为组织提供了全面的风险识别与管理信息，帮助制定有效的风险响应和监控措施。

（九）应用情况

SP 800-30：2011 提供了如何将风险评估与 SP 800-39 中定义的三层风险管理架构相结合的详细指导。该标准的主要贡献在于对风险评估过程的全面描述。它基于常见的三步风险评估流程，准备、实施和维护，对每个步骤的核心任务进行了细化和详细阐述，从而帮助组织根据这一框架下开展有效的风险评估。在 FISMA 实施的整体背景下，SP 800-30 仅为其中有关风险管理内容的一部分，但鉴于风险评估在整个风险管理活动中的关键作用，熟悉该标准对于理解 FISMA 风险管理框架的实际应用具有重要的参考价值。

二、可操作的关键威胁、资产和薄弱点评估

（一）基本信息

名称：《可操作的关键威胁、资产和薄弱点评估》（Operationally Critical Threat，Asset，and Vulnerability Evaluation，OCTAVE）。

发布时间：1999 年。

发布/归口单位：CERT（卡内基梅隆大学计算机应急小组）。

适用范围：适用于识别和管理信息安全风险的一个框架。

（二）产生背景

1988 年 11 月，美国康奈尔大学的学生莫里斯编写的"圣诞树"蠕虫程序导致全球约 10%的联网计算机瘫痪，成为震惊全球的"莫里斯事件"。该事件促使美国国防部高级计划研究署（DARPA）资助，在卡耐基梅隆大学软件工程研究所（SEI）建立了计算机应急响应协调中心。1999 年，SEI/CERT 提出了 OCTAVE（Operationally Critical Threat，Asset，and Vulnerability Evaluation，可操作的关键威胁、资产和薄弱点评估）方法，这是一种面向组织的信息安全风险评估框架。

OCTAVE 方法的核心特点在于其框架的可伸缩性和适应性，能够根据不同组织的规模和信息化发展阶段进行灵活调整。与传统的"自下而上"评估方法不同，OCTAVE 强调从组织整体层面出发，识别组织需要保护的资产，明确风险来源，并结合技术和实践提供相应的解决方案。此外，OCTAVE 还强调风险评估应由组织内部人员主导，而非仅由 IT 部门负责，确保信息安全成为整个组织的共同责任。

（三）内容简介

OCTAVE 方法是一种综合性的信息安全评估框架，充分考虑了组织的自

主性和环境适应性。尽管 OCTAVE 最初是为大型组织设计的，但通过适当的调整，它同样适用于中小型组织。

OCTAVE 方法首先强调的是"可操作性"（O），其次关注"关键性"（C）。其中，可操作性被认为是最为重要的因素，其次是对关键性问题的重视。OCTAVE 方法采用三阶段的评估流程，旨在系统地研究管理问题和技术问题，从而帮助组织人员全面理解其信息安全需求。该方法通过一系列循序渐进的讨论会推动实施，每个讨论会都强调参与者之间的沟通和互动。

OCTAVE 方法通过检查组织问题和技术问题，全面了解企业的信息安全需求。该方法包含三个阶段和八个具体过程，帮助组织识别、评估和应对其信息安全风险，如图 2-4 所示。

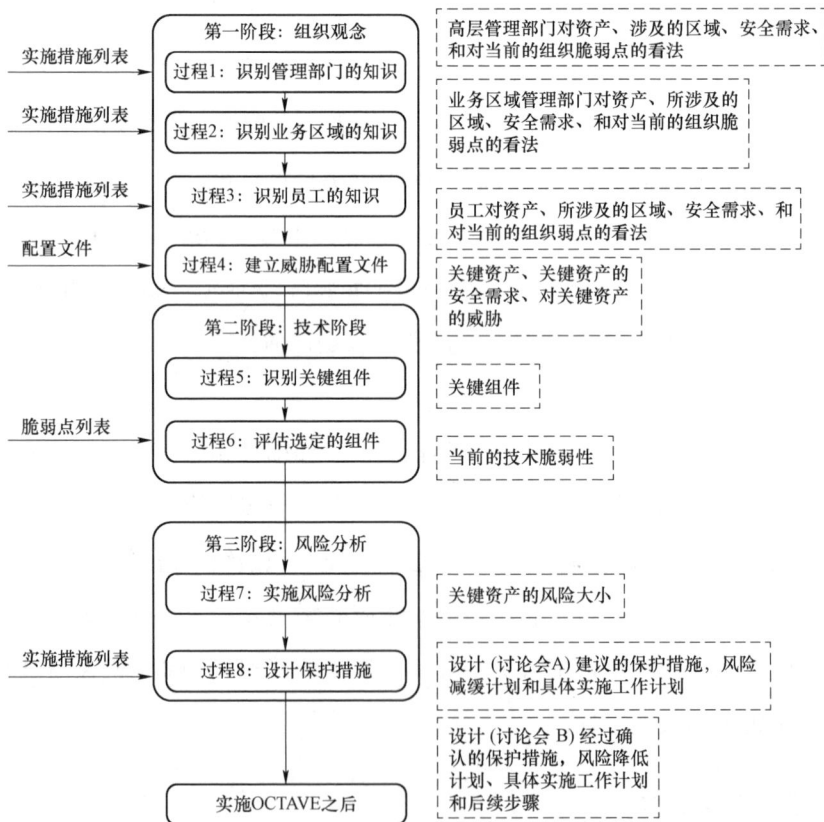

图 2-4　OCTAVE 信息安全评估流程

（四）风险相关定义

该模型中未对风险相关术语进行定义。

（五）风险域划分

OCTAVE 评估方法中对风险域的划分没有详细提及。

（六）风险要素关系

OCTAVE 方法通过组织内部各级员工的知识，结合标准信息目录，识别信息资产及其价值，并评估相关的威胁和安全需求。在第一阶段，利用威胁概况和组织的实际情况，调查员工对信息资产、潜在威胁以及现有保护措施的了解，从而明确组织的信息安全需求。这一过程旨在确保评估从组织内部出发，基于实际操作和风险评估，全面识别并满足组织的安全要求。

（七）风险分析原理

OCTAVE 的第三阶段专注于风险分析，基于前两个阶段收集的信息，分析资产、威胁和漏洞，评估风险的影响和发生的概率。此过程帮助确定风险的优先级，进而支持制定风险应对策略和全面的安全管理计划。

（八）风险评估流程

OCTAVE 的第二阶段是风险评估，重点是将第一阶段识别的信息资产映射到信息基础设施组件（包括物理和网络环境）。评估过程中，组织会对基础设施的漏洞进行检查，最终识别出高优先级的组件、缺失的政策或实践，以及潜在的漏洞。

（九）应用情况

自 1999 年发布以来，OCTAVE 方法已在美国及其他国家得到广泛应用，尤其在医疗、制造业、政府部门和教育等领域。一些典型的应用案例包括：

（1）医疗健康行业：OCTAVE 方法被引入到医疗信息安全预备组（Medical Information Security Readiness Teams，或 MISRTs）的培训中，为医疗机构将 OCTAVE 作为有效的信息安全风险评估方法奠定了坚实基础。

（2）美国国家制造中心（The National Center for Manufacturing Sciences，NCMS）对 OCTAVE 方法进行了扩展，使其能够广泛适应制造业中特别重要的价值链脆弱性评估。

（3）政府部门：例如，佛罗里达州政府的相关机构通过卡耐基梅隆大学提供的培训，采用 OCTAVE 方法开展信息安全风险评估，并倡导"将问题防患于未然"。此外，政府还委托第三方专业机构实施信息安全评估和 OCTAVE 知识的传递。

（4）教育行业及其他领域：OCTAVE 方法在教育领域及其他行业也取得了相应的成功应用，推动了组织对信息安全风险的识别与应对。

这些应用案例充分展示了 OCTAVE 方法在不同领域中的适用性和有效性，帮助组织建立了更为系统和完善的信息安全管理体系。

三、信息系统和技术控制目标

（一）基本信息

名称：《信息系统和技术控制目标》（Control Objectives for Information and related Technology，COBIT）

发布时间：1996 年。

发布/归口单位：ISACA（国际 IT 审计师协会）。

适用范围：适用于各种规模的企业和组织。

（二）产生背景

COBIT 框架起源于 20 世纪 90 年代中期，由美国信息系统审计与控制协会（ISACA）开发并推广。随着信息技术的快速发展，企业逐渐认识到计算机网络不仅是办公工具，更是企业运营的核心。因此，为了更有效地管理、治理和保护 IT 资源，确保 IT 流程与业务目标的一致性，ISACA 推出了 COBIT 框架。随着技术的不断演进，COBIT 框架经历了多次更新。最新版本（如 COBIT 2019）不仅关注 IT 管理，还涵盖了企业治理的各个方面，进一步强化了 IT 治理与组织整体战略目标之间的协调与一致性。

（三）内容简介

COBIT 是一个广泛应用的 IT 治理和管理框架，提供了一套全面的控制目标、最佳实践和风险评估模型，帮助组织高效管理其 IT 资源。其核心目标是确保 IT 与企业的业务目标和战略保持一致，促进 IT 与业务的紧密协作。通过有效利用 IT 创造业务附加值，识别并最小化 IT 相关风险，确保其可靠性和可持续性。COBIT 还强调遵守法律、监管和合规性要求，同时优化资源利用和成本控制，推动企业整体运营效率的提升。

（四）风险相关定义

该模型中未对风险相关术语进行定义。

（五）风险域划分

COBIT 模型侧重于风险治理，并未对风险域进行划分。

（六）风险要素关系

COBIT 涉及的风险要素关系主要体现在治理目标：EDM03（确保风险优化）。该目标确保企业明确其风险偏好和容忍度，并有效识别与 I&T 相关的风险，见表 2-2。

表 2-2　风险要素关系治理目标

治理目标支持一系列主要企业目标和一致性目标的实现	
企业目标	一致性目标
• EG02 妥当管理的业务风险 • EF06 业务服务连续性和可用性	• AG02 妥当管理的 I&T 相关风险 • AG07 信息、参与执行的基础设施和应用程序的安全，以及隐私的安全
企业目标的指标示例	一致性目标的指标示例
EG02： a. 风险评估涵盖的关键业务目标和服务的百分比 b. 风险评估未发现的重大事故数量与总事故数量的比率 c. 风险概况的更新频率	AG02： a. 风险概况的更新频率 b. 涵盖 I&T 相关风险的企业风险评估的百分比 c. 风险评估中未识别的 I&T 相关重大事故的数量
EG06： a. 导致重大事故的客户服务或业务流程中断的次数 b. 事故的业务成本 c. 因计划外服务中断而损失的业务处理小时数 d. 与承诺的服务可用性目标有关的投诉百分比	AG07： a. 导致财务损失、业务中断或公众形象受损的保密性事故的数量 b. 导致财务损失、业务中断或公众形象受损的可用性事故的数量 c. 导致财务损失、业务中断或公众形象受损的完整性事故的数量

（七）风险分析原理

COBIT 中的风险分析主要体现在管理目标：APO12（妥当管理的风险）。该目标旨在针对实际的 I&T 风险提供有依据的决策支持，帮助组织进行风险决策，见表 2-3。

表 2-3　COBIT 风险分析原理

序号	活动
1	考虑所有风险因素和/或资产的业务关键性，定义适当的风险分析工作范围
2	构建并定期更新 I&T 风险场景、I&T 相关的损失敞口，以及关于声誉风险的场景（包括级联和/或巧合威胁类型与事件的复合场景）。为待检测的特定控制活动和能力设定期望值
3	评估与 I&T 风险场景相关的损失或收益的发生频率（或可能性）和程度。考虑所有适用的风险因素，并评估已知的运营控制
4	将当前风险（I&T 相关的损失敞口）与风险偏好和可接受的风险容忍度进行比较。识别不可接受的或上升的风险
5	对超过风险偏好和容忍度的风险提出风险对应建议

续表

序号	活动
6	为将实施所选风险应对措施的项目或计划指定高层次要求。确定风险缓解应对措施中的适当关键控制的要求和期型
7	在参考风险分析和业务影响分析（BIA）结果制定决策之前，首先对这些结果进行验证。确认分析与企业要求相一致，并验证已对评估结果进行了适当的校正和检查以排除偏差
8	分析可选的潜在风险应对方案（例如规避、降低/缓解、转移/分摊以及接受和利用等）的成本/效益。确认最佳的风险应对方案

（八）风险评估流程

COBIT 模型中涉及风险评估的部分主要集中在评估、指导和监控领域的治理目标：EDM03 — 确保风险优化。该目标要求持续检查和评估当前及未来在企业中使用信息与技术（I&T）的风险效应。评估过程中，需要考虑企业的风险偏好，并确保与 I&T 使用相关的企业价值风险得到有效识别和管理，见表 2-4。

表 2-4　COBIT 风险评估流程

序号	活动
1	了解组织及其 I&T 风险相关的背景
2	确定企业的风险偏好，即企业为实现其目标而愿意承担的 I&T 相关风险的水平
3	确定相对风险偏好的风险容忍度，即暂时可接受的与风险偏好的偏离水平
4	确定 I&T 风险战略与企业风险战略的一致程度，并确保风险偏好抵御组织的风险能力
5	在企业战略决策未决之前主动评估 I&T 风险因素，并确保企业的战略决策流程将风险纳入考虑
6	评估风险管理活动，确保与企业的 I&T 相关损失承受力及领导层对此损失的容忍度保持一致
7	吸引并维护 I&T 风险管理所需的技能和人员

具体评估活动包括：

（1）企业意外影响的水平；

（2）超出企业风险容忍度的 I&T 风险比例；

（3）风险因素评估更新的频率。

（九）应用情况

COBIT 框架因其易于理解和实施，已广泛应用于全球一百多个国家的组织和企业中，成为国际公认的 IT 管理与控制框架。它帮助企业搭建了管理层、IT 部门和审计之间的沟通桥梁，提供了共同的语言和工具，确保有效管理信息资源和相关风险。

第二节　国内风险评估机制现状

一、信息安全技术信息安全风险评估方法

（一）基本信息

名称：《信息安全技术信息安全风险评估方法》

标准号：GB/T 20984—2022

发布时间：2022

发布/归口单位：TC260（全国网络安全标准化技术委员会）

适用范围：适用于各类组织开展信息安全风险评估工作

（二）产生背景

随着信息化技术的迅猛发展，信息系统的普及已经极大地增加了信息安全风险。在此背景下，信息安全风险评估成为应对安全挑战的重要手段。风险评估的核心作用在于通过全面分析系统面临的潜在威胁和可能存在的脆弱环节，评估一旦发生安全事件可能造成的损害，从而制定针对性的防护措施，确保系统安全，减少潜在威胁对信息资产的影响。

近年来，信息安全风险评估的应用已经逐步覆盖了国家关键基础设施的信息网络及多个重要行业的核心信息系统。信息安全风险评估已成为信息安

全保障的基石之一，也是实现全面网络安全防护的核心环节之一。通过这种评估方法，企业和组织能够有针对性地识别安全漏洞，预见可能的安全事件，并有效地采取措施将风险降至一个可接受的水平，从而最大化保障信息安全。

通常，信息安全风险评估分为自评估和第三方检查评估两种形式。自评估主要由组织内部进行，旨在帮助企业内部发现和识别潜在的风险，而检查评估则由专业第三方机构进行，能够提供更为客观和专业的风险评估。然而，尽管有这些评估方式，但如果缺乏统一的评估标准和操作方法，组织将难以开展有效的风险评估工作，因此，建立一套科学、系统、统一的评估标准显得尤为重要。

在这种背景下，国家推出了《信息安全技术信息安全风险评估规范》（GB/T 20984—2007），为信息安全风险评估的实施提供了明确的指导方针。该标准自发布以来，已在全国范围内广泛应用，成为各级政府、监管部门以及各行业组织开展信息安全管理和评估的主要依据。通过这一标准的应用，信息安全评估工作不仅得到有效推动，而且为我国网络安全保障体系的建设、数字经济的高质量发展提供了强有力的支持。

为了进一步提升信息安全风险评估的科学性和实用性，适应国家网络安全战略的不断发展与变化，国家信息中心在全国信息安全标准化技术委员会的指导下，组织开展了 GB/T 20984—2007 的修订工作。修订后的新标准（GB/T 20984—2022）更好地反映了新技术、新应用对信息安全评估的新要求，如云计算、物联网、大数据和人工智能等新兴技术的广泛应用对评估方式提出了新的挑战。新标准的出台，不仅符合国内外网络安全法律法规的发展要求，也积极推动了国际信息安全标准的发展，为各类信息安全工作提供了更为科学、系统的评估框架。目前新的 GB/T 20984—2022 标准于 2022 年 11 月 1 日起正式实施，为信息安全领域提供了更加完善的风险评估方法和操作规范，进一步推动了我国信息安全体系建设和数字经济的稳步发展。

（三）内容简介

《信息安全技术信息安全风险评估方法》详细介绍了信息安全风险评估的核心概念、风险要素之间的关系、分析原理、评估流程、实施方法等关键内容，并着重探讨了在信息系统生命周期的不同阶段，如何有效开展风险评估工作。该标准为信息安全工作提供了系统化的指导，确保组织能够通过科学的方法识别、分析和应对可能面临的各种信息安全风险，如图 2-5 所示。

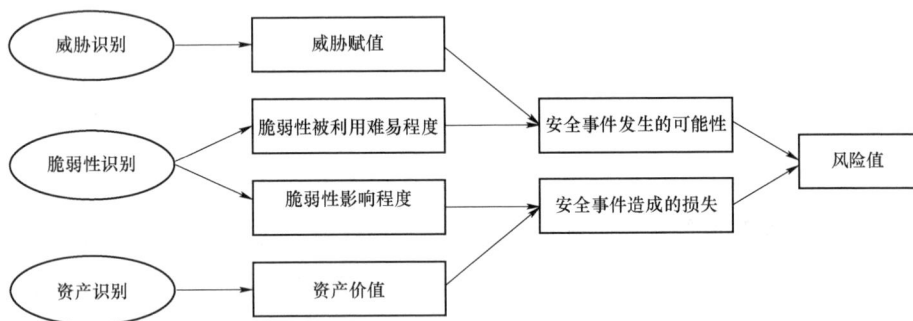

图 2-5　信息安全风险评估方法

在资产识别方面，该标准强调，资产识别的基础应从单一资产的层面扩展到更加宏观的业务层面。具体而言，风险评估需要在明确业务范围和边界的前提下，对业务资产、系统资产、系统组件以及单一资产进行全面地识别、分析与赋值。随着信息化程度的提高，资产保护的核心从单一的硬件或软件资产转向以企业的核心业务为中心。这种转变使得业务成为风险评估中最为重要的管控对象，保障业务连续性成为信息安全工作的首要任务。

在威胁识别环节，该标准提出从多个角度进行威胁的系统识别。这包括威胁来源、潜在威胁的主体、威胁者的动机等方面的详细分析。同时，还强调需要根据威胁的行为能力、出现频率以及影响时机等因素，综合考虑其对信息资产的潜在威胁，并制定相应的应对策略。通过深入分析威胁的特征，评估其发生的可能性及对信息系统的影响，有助于企业和组织提前制定防范措施，从而降低风险。

在已有安全措施分析中，该标准对现有的安全防护措施进行了分类，分为保护性措施和预防性措施两类，并要求对这些措施的有效性进行评估。通过结合当前威胁环境，对现有安全措施是否能够有效应对已知威胁进行全面分析，评估其漏洞和不足之处。安全措施的有效性直接影响到风险防控的效果，因此，确保措施的针对性和时效性至关重要。

在脆弱性识别方面，标准强调从管理和技术两个维度来识别和评估系统脆弱性。通过分析脆弱性被威胁利用的难易程度，以及脆弱性被成功利用后对信息资产造成的潜在损失，可以更准确地评估信息系统的风险暴露情况。此外，脆弱性评估还应考虑到脆弱性在不同管理层级的应对难度，确保脆弱性得到及时修复和防控。

在风险分析与评价环节，风险评估方法引入了量化模型，使用风险计算模型对单个资产的风险进行评估，并通过计算风险值及其等级划分，帮助决策者了解当前资产的风险暴露程度。通过对不同资产的风险等级评定，可以进一步推演出整个业务领域面临的风险情况。这一环节的重点在于如何根据脆弱性被利用的难易程度和威胁赋值来判断安全事件发生的概率，结合脆弱性的影响程度及资产的价值，量化出潜在安全事件可能带来的损失。

该方法的优势在于其系统性和结构化的分析框架，确保了信息安全风险评估不仅停留在理论层面，而是具有实际可操作性。通过对威胁、脆弱性、现有防护措施和资产价值的综合评估，能够为企业提供更加精准、可靠的安全管理方案，从而有效降低风险、提升信息安全防护能力。

（四）风险相关定义

（1）信息安全风险（information security risk）：特定威胁利用单个或一组资产脆弱性的可能性以及由此可能给组织带来的损害。注：它以事态的可能性及其后果的组合来度量。[来源：GB/T 31722—2015，3.2]

（2）风险评估（risk assessment）：风险识别、风险分析和风险评价的整个过程。（注：本文件专指信息安全风险评估）［来源：GB/T 29246—2017，2.71］

（五）风险域划分

1. 资产识别

资产识别是风险评估的基础与核心环节之一。在信息安全管理过程中，明确识别和分类资产，是开展全面、有效风险评估的前提。资产不仅涵盖了企业内部所有物理和数字资产，还涉及支撑企业正常运营的各类资源。为了全面评估风险，资产需要从不同层次进行识别，这一过程通常分为三个层级：业务资产、系统资产、系统组件及单元资产，如图 2-6 所示。

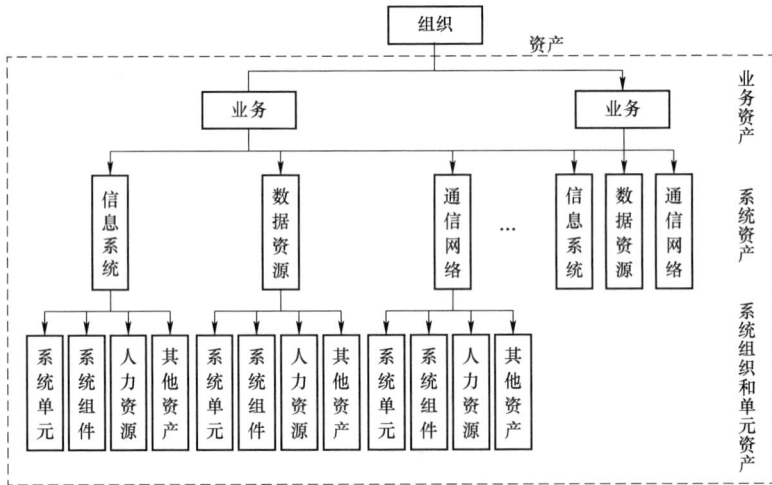

图 2-6　组织资产识别架构

（1）业务识别

业务资产识别是风险评估的核心部分之一。业务作为组织发展的具体实践活动，是评估信息安全风险时必须重点关注的对象。业务识别的工作内容包括对业务属性、业务定位、业务完整性以及业务之间的关联性等多个维度的深入分析，见表 2-5。

表 2-5　业务识别内容

识别内容	示例
属性	业务功能、业务对象、业务流程、业务范围、覆盖地域等
定位	发展规划中的业务属性和职能定位、与发展规划目标的契合度、业务布局中的位置和作用、竞争关系中竞争力强弱等
完整性	独立业务：业务独立，整个业务流程和环节闭环 非独立业务：业务属于业务环节的某一部分，可能与其他业务具有关联性
关联性	关联类别：并列关系（业务与业务间并列关系包括业务间相互依赖或单向依赖，业务间共用同一信息系统，业务属于同一业务流程的不同业务环节等）、父子关系（业务与业务之间存在包含关系等）、间接关系（通过其他业务，或者其他业务流程产生的关联性等） 关联程度：如果被评估业务遭受重大损害，将会造成关联业务无法正常开展，此类关联为紧密关联。其他为非紧密关联

业务资产的识别需要通过与熟悉组织业务结构的管理人员和业务人员进行充分的沟通。常用的方法包括访谈、文档查阅，以及从现有的系统和流程中提取数据，并进行分析。此外，还可通过对企业的业务流程进行全面的梳理和总结，进一步明确业务的内涵和外延。

（2）系统资产识别

系统资产识别包括资产分类和业务承载性识别两个方面。系统资产分类包括信息系统、数据资源和通信网络，业务承载性包括承载类别和关联程度，见表 2-6。

表 2-6　系统资产识别内容

识别内容	示例
资产分类	信息系统：信息系统是指由计算机硬件、计算机软件，网络和通信设备等组成的，并按照一定的应用目标和规则进行信息处理或过程控制的系统。典型的信息系统如门户网站、业务系统、云计算平台、工业控制系统等 数据资源：数据是指任何以电子或者非电子形式对信息的记录。数据资源是指具有或预期具有价值的数据集。在进行数据资源风险评估时，应将数据活动及其关联的数据平台进行整体评估。数据活动包括数据采集、数据传输、数据存储、数据处理、数据交换、数据销毁等 通信网络：通信网络是指以数据通信为目的，按照特定的规则和策略，将数据处理结点、网络设备设施互连起来的一种网络。将通信网络作为独立评估对象时，一般是指电信网、广播电视传输网和行业或单位的专用通信网等以承载通信为目的的网络

识别内容	示例
业务承载性	承载类别：系统资产承载业务信息采集、传输、存储、处理、交换、销毁过程中的一个或多个环节 关联程度：业务关联程度（如果资产遭受损害，将会对承载业务环节运行造成的影响，并综合考虑可替代性），资产关联程度（如果资产遭受损害，将会对其他资产造成的影响，并综合考虑可代性）

（3）系统组件和单元资产识别

系统组件和单元资产识别是对信息系统各个组成部分的分类与分析。系统组件和单元资产的识别更加细化，包括系统组件、系统单元、人力资源和其他资产，见表 2-7。

表 2-7　系统组件和单元资产识别内容

分类	示例
系统单元	计算机设备：大型机、小型机、服务器、工作站、台式计算机、便携计算机等 存储设备：磁带机、磁盘阵列、磁带、光盘、软盘、移动硬盘等 智能终端设备：感知节点设备（物联网感知终端）、移动终端等 网络设备：路由器、网关、交换机等传输线路：光纤、双绞线等 安全设备：防火墙、入侵检测/防护系统、防病毒网关、VPN 等
系统组件	应用系统：用于提供某种业务服务的应用软件集合 应用软件：办公软件、各类工具软件、移动应用软件等 系统软件：操作系统、数据库管理系统、中间件、开发系统、语句包等 支撑平台：支撑系统运行的基础设施平台，如云计算平台、大数据平台等 服务接口：系统对外提供服务以及系统之间的信息共享边界，如云计算 PaaS 层服务向其他信息系统提供的服务接口等
人力资源	运维人员：对基础设施、平台、支撑系统，信息系统或数据进行运维的网络管理员、系统管理员等 业务操作人员：对业务系统进行操作的业务人员或管理员等 安全管理人员：安全管理员、安全管理领导小组等 外包服务人员：外包运维人员、外包安全服务或其他外包服务人员等
其他资源	保存在信息媒介上的各种数据资料：源代码、数据库数据、系统文档、运行管理规程、计划、报告、用户手册、各类纸质的文档等 办公设备：打印机、复印机、扫描仪、传真机等 保障设备：UPS、变电设备、空调、保险柜、文件柜、门禁、消防设施等 服务：为了支撑业务、信息系统运行、信息系统安全，采购的服务等 知识产权：版权、专利等

2. 威胁识别

威胁识别是信息安全风险评估中的重要环节，其目标是全面了解和识别可能对组织的业务、资产及信息系统构成威胁的各种因素。威胁识别的内容涵盖了威胁的来源、主体、种类、动机、时机、频率等多个方面。为了有效开展威胁识别，必须细致分析各类威胁的特点及其可能对系统安全造成的影响，从而为风险评估提供有力的数据支持和决策依据。

在对威胁进行分类前，应识别威胁的来源。威胁来源包括环境、意外和人为三类。

根据威胁来源的不同，威胁可划分为信息损害和未授权行为等威胁种类。

威胁主体是指实施威胁的实际参与者，威胁主体的识别对于理解威胁的动机和潜在影响至关重要。威胁主体根据其来源可以分为人为和环境两类。人为威胁的主体包括国家、组织团体和个人。国家级威胁通常涉及国家间的网络攻击或间谍活动，组织团体威胁主要指黑客团伙或竞争对手发起的恶意攻击，而个人威胁则通常来源于内鬼、前员工或其他具有个人动机的攻击者。环境威胁主要源于自然灾害，这些威胁的主体通常是不可控的外部因素，如地震、风暴、洪水等自然现象，尽管这些威胁的发生不受人为控制，但其造成的影响可能是灾难性的。

威胁动机是指驱动威胁主体采取某些恶意行动的内在原因或外部诱因。威胁动机的分析对于理解威胁的发生和制定防范措施至关重要。威胁动机可划分为恶意和非恶意，恶意包括攻击、破坏、窃取等，非恶意包括误操作、好奇心等。

威胁时机的分析涉及威胁发生的时机和特定背景。威胁时机可划分为普通时期、特殊时期和自然规律。

威胁频率应根据经验和有关的统计数据来进行判断，综合考虑以下四个方面，形成特定评估环境中各种威胁出现的频率：

（1）以往安全事件报告中出现过的威胁及其频率统计；

（2）实际环境中通过检测工具以及各种日志发现的威胁及其频率统计；

（3）实际环境中监测发现的威胁及其频率统计；

（4）近期公开发布的社会或特定行业威胁及其频率统计，以及发布的威胁预警。

3. 已有安全措施识别

在信息安全风险评估过程中，识别和评估已有的安全措施是至关重要的步骤。有效的安全措施不仅可以降低潜在的风险，还可以显著提高系统的防护能力，减少威胁发生时的损失。安全措施大致可以分为两类：预防性安全措施和保护性安全措施。两者各有侧重，但都对保障信息系统的安全起到关键作用。预防性安全措施旨在降低威胁利用系统脆弱性导致安全事件发生的概率。其主要目标是通过对潜在风险的提前识别和防范，减少安全事件的发生频率。保护性安全措施则在安全事件发生后，减少事件对组织或系统造成的损害和影响。保护性措施侧重于减轻事件的后果，并确保在发生安全事件时，能够尽快恢复正常操作。

4. 脆弱性识别

当脆弱性没有对应的威胁时，可以不采取控制措施，但应对其进行监视，关注其是否发生变化。如果威胁没有与之匹配的脆弱性，则不会引发风险。然而需要注意的是，控制措施的不当执行、控制措施故障或错误使用本身也可能形成新的脆弱性。控制措施在不同运行环境下可能会有效或失效，因此，评估人员应持续审查这些控制措施的实施效果。

脆弱性可从技术层面和管理层面两个角度进行分析。技术脆弱性涉及物理层、网络层、系统层、应用层等不同层面的安全问题或潜在隐患。而管理脆弱性又可以分为两类：一类是技术管理脆弱性，涉及具体技术活动的弱点；另一类是组织管理脆弱性，关注管理环境中的问题。

脆弱性识别的过程可以从资产出发，逐一识别每项需要保护的资产可能面临的脆弱性，并对这些脆弱性的严重性进行评估；也可以从物理、网络、系统、应用等多个层次进行识别，之后再将其与资产和威胁进行匹配。脆弱性识别的标准可以依据国际标准、国家安全要求或行业规范。此外，对于相同的脆弱性，在不同的应用环境中，其影响程度可能有所不同，因此评估人员需要从组织的安全策略角度出发，综合判断脆弱性被威胁利用的可能性和潜在影响。同时，也需要识别信息系统采用的协议、应用流程的完整性以及网络互联等因素。

针对不同识别对象，脆弱性识别的具体要求应参考相关的技术标准或管理标准进行，见表 2-8。

表 2-8　脆弱性识别具体要求

类型	识别对象	识别方面
技术脆弱性	物理环境	从机房场地、机房防火、机房供配电、机房防静电、机房接地与防雷、电磁防护通信线路的保护、机房区域防护、机房设备管理等方面进行识别
	网络结构	从机房场地、机房防火、机房供配电、机房防静电、机房接地与防雷、电磁防护通信线路的保护、机房区域防护、机房设备管理等方面进行识别
	系统软件	从补丁安装、物理保护、用户账号、口令策略、资源共享、事件审计、访问控制、新系统配置、注册表加固、网络安全、系统管理等方面进行识别
	应用中间件	从协议安全、交易完整性、数据完整性等方面进行识别
	应用系统	从协议安全、交易完整性、数据完整性等方面进行识别
管理脆弱性	技术管理	从物理和环境安全、通信与操作管理、访问控制、系统开发与维护、业务连续性等方面进行识别
	组织管理	从安全策略、组织安全、资产分类与控制、人员安全、符合性等方面进行识别

（六）风险要素关系

风险评估中基本要素的关系如图 2-7 所示。风险评估基本要素包括资产、威胁、脆弱性和安全措施，这些要素是进行风险评估的基础。

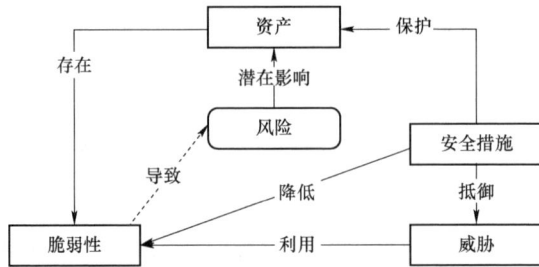

图 2-7　风险要素关系图

开展风险评估时，基本要素之间的关系如下：

（1）资产是风险要素的核心，而资产本身存在脆弱性；

（2）安全措施通过降低资产脆弱性被利用的可能性，抵御外部威胁，从而保护资产；

（3）威胁通过利用资产中的脆弱性引发风险；

（4）当风险转化为安全事件时，会对资产的运行状态产生影响。

在风险分析过程中，评估人员需要综合考虑资产、脆弱性、威胁以及安全措施等基本因素。

（七）风险分析原理

组织应基于风险识别开展风险分析，具体步骤包括：

（1）根据威胁的能力和发生频率，以及脆弱性被利用的难易程度，计算安全事件发生的可能性；

（2）根据安全事件造成的影响程度和资产价值，计算事件发生后可能对评估对象造成的损失；

（3）综合考虑安全事件发生的可能性和损失后，计算系统资产面临的风险值；

（4）根据覆盖的业务系统资产的风险值，综合计算得出整体业务的风险值。

评估方可根据自身情况选择适合的风险计算方法，对安全事件的可能性与损失进行运算，从而得出最终的风险值。

（八）风险评估流程

本标准的风险评估流程包括评估准备、风险识别、风险分析和风险评价四个阶段。在风险识别阶段，主要内容涵盖资产识别、威胁识别、已有安全措施识别和脆弱性识别四个部分，如图 2-8 所示。

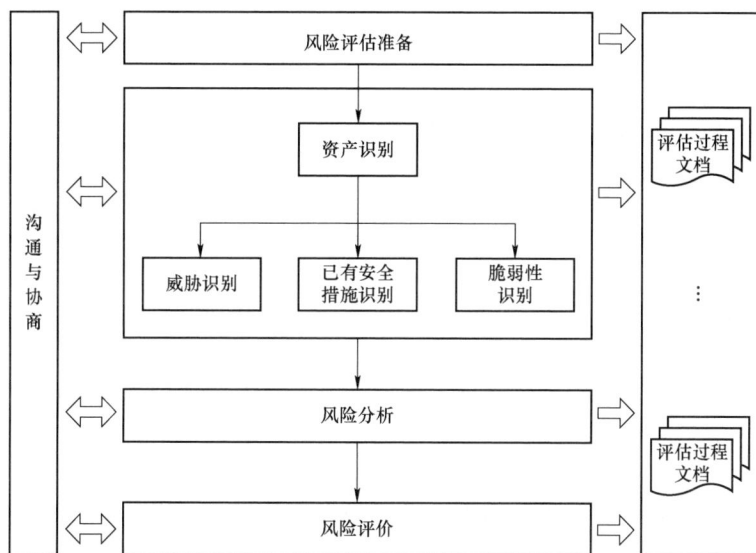

图 2-8　风险评估流程图

（九）应用情况

《信息安全技术信息安全风险评估方法》为信息安全风险评估提供了科学、规范的流程。该标准为网络安全保护工作部门、重要行业及领域的监管机构、信息系统运营单位、安全服务提供商等，开展信息安全风险评估工作提供了参考框架。它帮助组织全面了解信息安全现状和潜在风险，保障信息系统和信息资产的安全。同时，该标准还提供了有效的操作指南，为网络安全建设提供技术支持，并为效果评估提供方法，推动了网络安全工作的落实和信息安全管理水平的提升。

二、工业控制系统风险评估实施指南

（一）基本信息

名称：《信息安全技术工业控制系统风险评估实施指南》

标准号：GB/T 36466—2018

发布时间：2018

发布/归口单位：TC260（全国网络安全标准化技术委员会）

适用范围：适用于指导第三方安全检测评估机构对工业控制系统的风险评估实施工作，也可供工业控制系统业主单位进行自评估时参考

（二）产生背景

随着工业控制系统与信息技术的深度融合，工业控制系统已广泛应用于冶金、电力、石化、水处理、铁路航空和食品加工等多个行业。工业控制系统是指用于工业领域的数据采集、监控和控制系统，它由计算机设备、控制组件和网络构成，是工业领域的核心系统。常见的工业控制系统包括监视控制与采集系统（SCADA）、分布式控制系统（DCS）、可编程逻辑控制器（PLC）系统等。我国已将工业控制系统的信息安全作为独立的安全体系进行建设，其安全性直接影响着国家重要基础设施的正常运转及公众利益。

《信息安全技术工业控制系统风险评估实施指南》在对工业控制系统的资产进行分类和分析的基础上，从资产的安全特性出发，分析工业控制系统可能面临的威胁来源与脆弱性，并总结出相关的信息安全风险。该标准还提供了针对工业控制系统的风险评估实施建议。

（三）内容简介

标准详细描述了工业控制系统安全的定义、目标、原则及其资产所面临的风险。它还规定了对工业控制系统进行风险评估的基本要素及其相互关系，

评估的实施过程、工作形式以及应遵循的原则与方法，明确了不同生命周期阶段的具体要求和实施要点。

工业控制系统风险评估的基本要素包括资产、威胁、保障能力和脆弱性。在评估这些要素时，需要充分考虑与这些要素相关的各类属性。

风险评估过程需要通过调查、取证、分析和测试等方式进行。常见的评估方法包括文档查阅、现场访谈、现场核查、现场测试和模拟仿真环境测试。

评估的准备工作对确保整个风险评估过程的有效性至关重要。评估方和被评估方都应在评估前做好充分的准备。为确保风险评估顺利进行，启动会议是必要的步骤。工业控制系统的风险评估准备工作流程如图 2-9 所示。

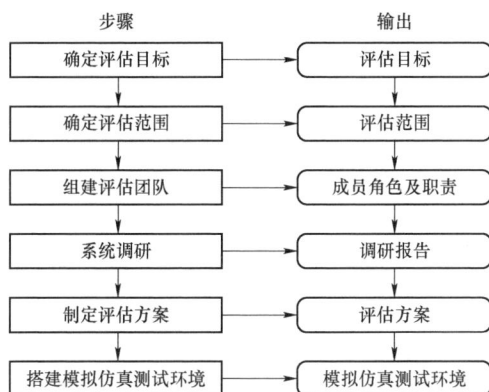

图 2-9　工业控制系统风险评估准备工作流程

（四）风险相关定义

该标准中未对风险相关术语进行定义。

（五）风险域划分

1. 资产评估

资产指的是对被评估方具有价值的信息或资源，是安全策略的保护对象。

资产的价值体现了其重要性或敏感性。资产评估主要包括资产的识别和资产价值的评估两个方面。

2. 威胁评估

威胁是可能导致系统或被评估方发生不希望发生的事故的潜在起因。威胁是客观存在的，不同的资产面临的威胁不同，且同一资产所遭遇的不同威胁，其发生的可能性和造成的影响也各有差异。全面、准确地识别威胁有助于采取有效的防范措施。威胁评估的重点是识别威胁源、威胁途径、威胁发生的可能性及其影响，并对威胁进行分析与赋值。

3. 脆弱性评估

脆弱性指的是资产本身存在的缺陷或不足，威胁只有通过利用资产的脆弱性才可能导致危害。评估方需要注意，工业控制系统的脆弱性往往具有难以修复和需要保密的特点。在评估过程中，应从物理环境、网络、平台和安全管理四个方面对工业控制系统的脆弱性进行详细评估。

4. 保障能力评估

保障能力指的是被评估方在工业控制系统管理、运行、人员及技术等方面提供保障措施的能力。合适的安全保障措施可以降低系统的脆弱性，抵御面临的安全威胁，从而降低安全风险；在安全事件发生时，这些保障措施还能减轻事件对被评估方的影响。

（六）风险要素关系

工业控制系统风险评估的基本要素包括资产、威胁、保障能力和脆弱性。风险评估围绕这些要素展开，在评估过程中，必须充分考虑与这些要素相关的各类属性。各要素及其相互关系如图 2-10 所示。

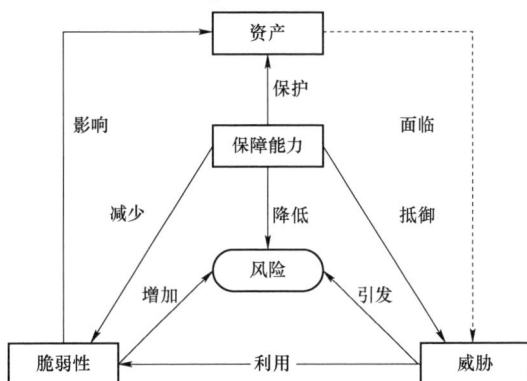

图 2-10　工业控制系统风险评估风险要素关系

（七）风险分析原理

工业控制系统各要素的关系，R = F(A, T, V, P)。其中，R 表示安全风险；F 表示安全风险计算函数；A 表示资产：T 表示威胁；V 表示脆弱性；P 表示安全保障能力。风险分析如图 2-11 所示。

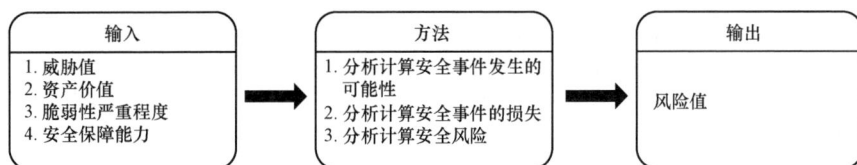

图 2-11　工业控制系统风险评估风险分析原理

为实现对风险的控制与管理，风险评估结果可进行等级化处理。等级划分方法基于风险值的高低，风险值越高，风险等级越高。风险等级通常分为五个级别，评估方根据风险值的分布情况设定每个等级的风险值范围，并依据此范围对所有风险计算结果进行等级划分。每个等级代表不同的风险严重性，见表 2-9。

表 2-9 工业控制系统风险评估等级描述

等级	标识	描述
5	很高	一旦发生将产生非常严重的社会或经济影响，如重大生产事故、系统无法正常运行等
4	高	一旦发生将产生较大的社会或经济影响，如生产事故、在一定范围内影响系统的正常运行等
3	中等	一旦发生会造成一定的社会或经济影响，但影响面和影响程度不大
2	低	一旦发生造成的影响程度较低，一般仅限于被评估方内部，通过一定手段很快能解决
1	很低	一旦发生造成的影响几乎不存在，通过简单的措施就能弥补

（八）风险评估流程

工业控制系统风险评估实施分为 3 个阶段，包括：风险评估准备阶段、风险要素评估阶段、综合分析阶段。在每个阶段，评估方需制订相应的工作计划，确保评估工作的顺利进行。评估流程如图 2-12 所示。

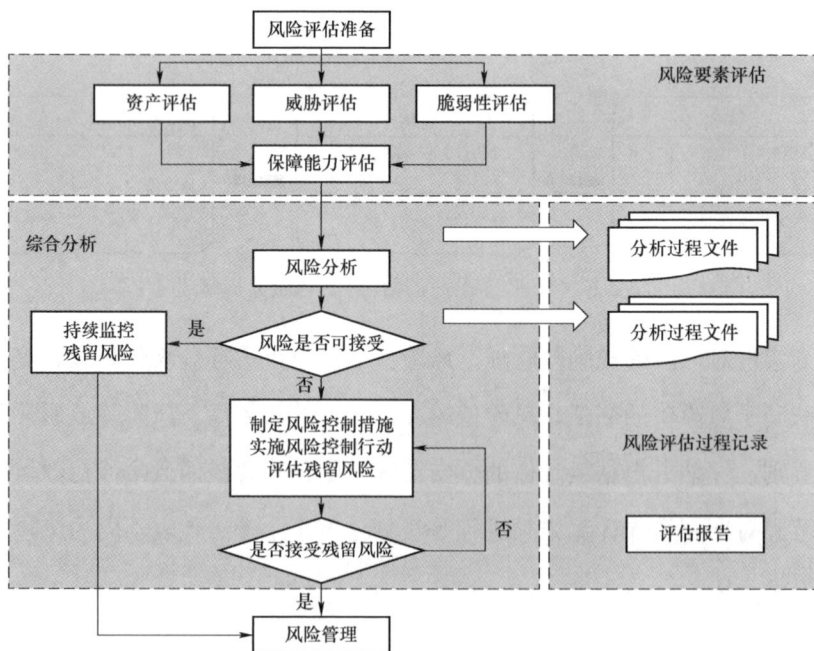

图 2-12 工业控制系统风险评估流程

（九）应用情况

随着国家对工业控制系统安全重视程度的不断提升，相关政策和文件相继出台。《工业控制系统信息安全防护指南》等文件的发布，进一步强调了工业控制系统安全的重要性，并推动了风险评估工作的深入开展。《信息安全技术工业控制系统风险评估实施指南》作为工业控制系统安全标准体系的重要组成部分，与其他相关标准相辅相成，共同构建了完整的工业控制系统安全标准体系。

该指南为工业控制系统的安全评估提供了全面的指导，广泛应用于电力、石油石化、化工、冶金、轨道交通、智能制造等多个行业。通过遵循该指南，企业能够系统评估其工业控制系统的安全风险，并采取相应的防护措施。

三、金融信息系统网络安全风险评估规范

（一）基本信息

名称：《金融信息系统网络安全风险评估规范》

标准号：GB/T 42926—2023

发布时间：2023

发布/归口单位：TC180（全国金融标准化技术委员会）

适用范围：适用于金融管理部门、金融业机构和网络安全风险评估服务机构开展金融信息系统网络安全风险评估工作。

（二）产生背景

《金融信息系统网络安全风险评估规范》（以下简称《规范》）基于成熟的风险评估方法论，并结合金融信息系统的独特特性和信息系统安全建设的需求，提出了适用于金融业务及金融信息系统的网络安全风险评估模型、流程和方法。

（三）内容简介

《规范》明确了风险评估工作的关键点、原则、要素和原理，并规定了风险评估的各个阶段，包括准备阶段、识别阶段以及风险计算与处理阶段的具体要求。附录部分提供了评估参考样例、资产识别与赋值表、信息系统威胁赋值方法、信息系统脆弱性赋值方法、脆弱性被利用可能性赋值方法，以及信息系统资产风险列表等内容。

（四）风险相关定义

GB/T 20269—2006、GB/T 25069—2022 和 GB/T 20984—2022 界定的术语和定义也适用于此标准。对其中涉及的风险相关术语及定义进行介绍。

（1）资产价值：资产的重要程度或敏感程度的表征。

注：资产价值是资产的属性，也是进行资产识别的主要内容。

（2）风险评估 risk assessment：通过对信息系统的资产价值/重要性、信息系统所受到的威胁以及信息系统的脆弱性进行综合分析，对信息系统及其处理、传输和存储的信息的保密性、完整性和可用性等进行科学识别和评价，确定信息系统安全风险的过程。[来源：GB/T 20269—2006]

（3）风险 risk（GB/T 25069—2022）：对目标的不确定性影响。

注1：影响是指与期望的偏离（正向的或反向的）。

注2：不确定性是对事态及其结果或可能性的相关信息，理解或知识缺乏的状态（即使是部分的）。

注3：风险常被表征为潜在的事态和后果，或者它们的组合。

注4：风险常被表示为事态的后果（包括情形的改变）和其发生可能性的组合。

注5：在信息安全管理体系的语境下，信息安全风险可被表示为对信息安全目标的不确定性影响。

注6：信息安全风险与威胁利用信息资产或信息资产组的脆弱性对组织

造成危害的潜力相关。

［来源：GB/T 25069—2022］

（4）风险处置 risk treatment：改变风险的过程。

注1：风险处置可能涉及如下方面。

1）通过决定不启动或不继续进行引发风险的活动来规避风险。

2）承担或增加风险以追求机会。

3）消除风险源。

4）改变可能性。

5）改变后果。

6）与另一方或多方共担风险（包括合同和风险融资）。

7）有根据地选择保留风险。

注2：处理负面后果的风险处置有时称为"风险缓解""风险消除""风险防范""风险降低"。

注3：风险处置可能产生新的风险或改变现有风险。

［来源：GB/T 25069—2022］

（5）风险分析 risk analysis：理解风险本质和确定风险级别的过程。

注1：风险分析提供风险评价和风险处置决策的基础。

注2：风险分析包括风险估算。

［来源：GB/T 25069—2022］

（6）风险沟通与咨询 risk communication and consultation：组织就风险管理所进行的，提供、共享或获取信息以及与利益相关方对话的持续和迭代过程。

注1：这些信息可能涉及风险的存在、性质、形式、可能性、重要性、评价、可接受性和处理。

注2：咨询是对问题进行决策或确定方向之前，在组织和其利益相关方之间进行知情沟通的双向过程。

［来源：GB/T 25069—2022］

（7）风险管理 risk management：指导和控制组织相关风险的协调活动。［来源：GB/T 25069—2022］

（8）风险管理过程 risk management process：管理策略、规程和实践在沟通、咨询、语境建立以及识别、分析、评价、处理、监视和评审风险活动上的系统性应用。［来源：GB/T 25069—2022］

（9）风险规避 risk avoidance：不卷入风险处境的决定或撤离风险处境的行动。［来源：GB/T 25069—2022］

（10）风险降低 risk reduction：为降低风险的可能性和/或负面结果所采取的行动。［来源：GB/T 25069—2022］

（11）风险接受 risk acceptance：承担特定风险的知情决定。

注1：可不经风险处置或在风险处置过程中做出风险接受。

注2：接受的风险要受到监督和评审。

［来源：GB/T 25069—2022］

（12）风险评价 risk evaluation：将风险分析的结果与风险准则比较，以确定风险和/或其大小是否可接受或可容忍的过程

注：风险评价辅助风险处置的决策。

［来源：GB/T 25069—2022］

（13）风险识别 risk identification：发现、识别和描述风险的过程。

注1：风险识别涉及风险源、事态及其原因和潜在后果的识别。

注2：风险识别可能涉及历史数据、理论分析、知情者和专家的意见以及利益相关方的需要。

［来源：GB/T 25069—2022］

（14）风险责任者 risk owner：具有责任和权威来管理风险的个人或实体。

［来源：GB/T 25069—2022］

（15）风险转移 risk transfer：与另一方对风险带来的损失或收益的共享。

注：在信息安全风险的语境下，对于风险转移仅考虑负面结果（损失）。

［来源：GB/T 25069—2022］

（16）风险准则 risk eriteria：评价风险重要性的基准。

注 1：风险准则是基于组织的目标以及外部语境和内部语境。

注 2：风险准则可源自标准、法律、策略和其他要求。

［来源：GB/T 25069—2022］

（五）风险域划分

1. 资产识别

资产是风险评估的核心对象。全面的风险评估围绕资产展开，威胁、脆弱性以及风险都与资产密切相关。威胁通过利用资产的脆弱性引发安全事件，进而形成风险。一旦发生安全事件，将对资产或整个系统造成影响。因此，资产评估是风险评估的重要环节，资产的准确识别和赋值直接影响后续评估的结果。

按照 GB/T 20984—2022 标准中的资产分类方法（5.2.1），系统的所有资产可分为业务资产、系统资产、系统组件和单元资产。资产识别通过资产调查进行，包括业务资产、系统资产、系统组件和单元资产四个方面。

资产调查方法包括查阅文档、访谈相关人员和现场查看。常见的文档包括信息系统需求说明书、可行性研究报告、设计方案、实施方案、安装手册、用户手册、安全策略文件、操作流程文件等。这些文档有助于识别组织和信息系统的业务资产、系统资产、系统组件和单元资产。资产的识别和赋值应参考资产识别与赋值表，并结合资产的实际情况进行。

如果文档中存在矛盾或不明确的地方，评估工作组需与相关人员核实，进行访谈，包括主管领导、业务人员、开发人员、实施人员、运维人员和监督管理人员。通过文档查阅、现场查看和访谈，基本可明确识别出组织和信息系统的资产，并对主要资产进行现场确认。

根据 GB/T 20984—2022 的附录 D，对资产的业务重要性、保密性、完整性和可用性这四个安全属性进行赋值。业务重要性赋值与信息系统的网络安全等级保护级别保持一致（参照 GB/T 22240—2020），见表 2-10。

表 2-10 金融信息系统网络安全风险评估规范业务重要性等级划分

业务重要性（网络安全等级保护级别）	资产（保密性、完整性和可用性）最高值所在区间		
	高区间（5 很高、4 高）	中等区间（3 中）	低区间（2 低、1 很低）
四级			
三级			
二级			
一级			

注 1：四级系统的资产赋值区间选择高区间（4～5），三级系统的资产赋值区间选择中等区间到高等区间（3～5），二级系统的资产赋值区间选择在低区间到中等区间（1～3），一级系统的资产赋值区间选择在低区间（1～2）。

注 2：根据金融业务特点，金融业务普遍重视业务的连续性、重要数据和个人信息的保护，该类资产的赋值区间选择高区间。

资产赋值应综合考虑这些安全属性，具体方法如下：

（1）根据资产的保密性、完整性和可用性赋值，确定这三个属性的最高值；

（2）结合信息系统的网络安全等级保护级别，对资产进行赋值；

（3）对赋值数据进行有效性验证，验证方法包括类型检查、值域检查、勾稽关系校验。

1）类型检查：检查数据的类型是否是整型。

2）值域检查：检查业务重要性值域是否是大于 0 小于 5 的整数，资产的保密性、完整性和可用性值域是否是大于 0、小于或等于 5 的整数。

3）勾稽关系校验：对业务重要性赋值与网络安全等级保护级别、资产的保密性、完整性和可用性的最高值所在区间进行比对，验证其准确性。例如：网络安全等级保护级别是四级，业务重要性赋值数据应该是 4，否则视为不符合勾稽关系校验，应重新赋值；业务重要性赋值数据是 4，资产的保密性、完整性和可用性的最高值应至少为 4（高区间），否则视为不符合勾稽关系校验，应重新赋值。

（4）记录并归档数据校验结果，确保资产识别过程中产生的数据或文档得到有效管理。

通过资产调查识别金融信息系统中的资产，并对其业务重要性、保密性、完整性和可用性进行赋值，最终综合评定得出资产赋值。

2. 威胁识别

威胁是风险评估中的关键因素，无论信息系统多么安全，威胁始终存在。威胁可能源自意外事件或有预谋的行为。通常，威胁通过利用系统、应用或服务的脆弱性来对资产造成损害。

在威胁识别过程中，首先根据资产的环境条件及其过去所遭受的威胁损害，识别系统中每一项关键资产可能面临的威胁。每项资产可能面临多个威胁，而同一威胁对不同资产的影响可能不同。因此，需针对每个威胁，分析其发生的可能性和威胁的严重性，最终进行赋值。威胁发生的可能性受多种因素的影响，包括资产的吸引力、资产转化的难易程度、威胁造成的影响所需的技术能力以及脆弱性被利用的难易程度等。根据不同威胁能力，赋予不同的能力级别，见表 2-11。

表 2-11　金融信息系统网络安全风险评估规范威胁能力级别划分

威胁能力级别	描述
很高	1）组织很严密，具有非常充足的资金、人力和技术资源；或 2）具有很丰富的知识和技能，攻击能力很强；或 3）掌握关于系统的大量信息，具有很高的权限
高	1）组织较严密，具有比较充足的资金、人力和技术资源；或 2）具有比较丰富的知识和技能，攻击能力比较强；或 3）掌握关于系统的较多信息，具有较高的权限；或 4）严重自然灾害
中等	1）具有一定的资产、人力和技术资源；或 2）具有一般的知识和技能，攻击能力一般；或 3）掌握关于系统的一般信息，具有一般的权限；或 4）较严重自然灾害

威胁能力级别	描述
低	1）具有较低的知识和技能，攻击能力较低；或 2）掌握关于系统的少量信息，具有较低的权限；或 3）一般自然灾害
很低	1）具有很低的知识和技能，攻击能力很低；或 2）掌握关于系统的极少量信息

威胁赋值主要依据威胁的能力级别和频率，评估人员结合经验和现场采集的统计数据进行综合判断，见表 2-12。

表 2-12　金融信息系统网络安全风险评估规范威胁频率等级划分

威胁频率	定义
很高	威胁出现的频率很高，或在大多数情况下几乎不可能避免，或可以证实经常发生过
高	威胁出现的频率较高，或在大多数情况下很有可能会发生，或可以证实多次发生过
中等	威胁出现的频率中等，或在某种情况下可能会发生，或被证实曾经发生过
低	出现的频率较小，或一般不太可能发生，或没有被证实发生过
很低	不存在漏洞或威胁几乎不可能发生，偶有例外的情况下才可能发生

评估时，主要考虑以下四个方面：

（1）信息系统可能面临的威胁能力；

（2）以往安全事件报告中出现的威胁频率；

（3）实际环境中通过检测工具和日志发现的威胁频率；

（4）近一两年 CNVD、CNNVD、CVE 等国内外权威机构发布的威胁情报。

根据上述四个方面的评估分析结果，对资产威胁进行赋值。根据威胁能力、威胁频率对资产面临的每一项威胁进行赋值，见表 2-13。

表 2-13　金融信息系统网络安全风险评估规范威胁频率评分

威胁能力等级	威胁频率				
	很高	高	中等	低	很低
很高	5	5	4	3	2
高	5	4	4	3	2

威胁能力等级	威胁频率				
	很高	高	中等	低	很低
中等	4	4	3	3	2
低	3	3	3	2	1
很低	2	2	2	1	1

3. 脆弱性识别

脆弱性是指资产本身存在的可以被威胁利用的属性，从而可能导致资产或关键目标的损害。脆弱性包括物理环境、组织、人员、配置文档、硬件、软件、数据、服务等多方面。对于业务信息系统，脆弱性可从技术和管理两方面进行检测。

应针对特定威胁事件，分析威胁利用资产脆弱性可能带来的影响。根据分析结果，脆弱性可分为两类：网络安全技术脆弱性和网络安全管理脆弱性。前者是因技术缺陷导致的脆弱性，后者则是因管理体系缺陷导致的脆弱性，见表2-14。

表2-14　金融信息系统网络安全风险评估规范脆弱性识别类型

类型	识别对象	识别内容
网络安全技术脆弱性	基础硬件设施（如机房、磁盘存储、CPU、内存、网络带宽等）	从机房场地、机房防火、机房供配电、机房防静电、机房接地与防雷、电磁防护、通信线路的保护、网络带宽、磁盘存储、CPU和内存资源配置等方面进行识别
	网络通信设施（如路由器、交换机、防火墙等）	从网络结构设计、边界保护、外部访问控制策略、内部访问控制策略、网络设备安全配置等方面进行识别
	基础软件设施（如操作系统、数据库、中间件等）	从补丁安装、物理保护、用户账号、口令策略、资源共享、事件审计、访问控制等方面进行识别
	应用系统（如金融机构业务系统等）	从审计机制、审计存储、访问控制策略、数据完整性、通信、整别机制、密码保护等方面进行识别
	终端（如运维终端、移动终端等）	从密码口令、访问控制、安全审计、病毒防护等方面进行识别
	总体防护体系	从物理地址划分、网络安全域划分、内外网边界控制、信息系统总体安全设计等方面进行识别

续表

类型	识别对象	识别内容
网络安全管理脆弱性	安全管理制度	从制度体系、评审修订等方面进行识别
	安全管理机构及人员	从责任落实、人员配备、授权审批等方面进行识别
	安全建设及运行维护	从系统规划、需求分析、设计、开发、测试等方面进行识别
	安全工作机制	从等级保护工作开展情况、安全事件应急响应机制、评价考核等方面进行识别
	业务连续性	从业务违续性管理制度、业务影响分析、业务连续性计划等方面进行识别

脆弱性赋值时，需考虑两个关键因素：资产脆弱性的严重程度和脆弱性被威胁利用的可能性。首先对脆弱性的严重程度进行评估，再找出每项脆弱性被威胁利用的可能性，最终为其赋予等级。在赋值时，所使用的数据应来自资产拥有者、相关领域专家及软硬件系统的专业人员。常用的方法包括访谈、工具检测、人工核查、现场检查和文档查阅等，结合定量分析进行赋值。具体方法如下：

（1）给出脆弱性评估项，评估信息系统资产是否符合相关要求，根据评分标准进行打分，累计各项得分得到分值 Q_1。

（2）累计每个评估项的满分值，得到总分 Q_2。

（3）分别计算出被评估资产的得分率（R），$R = Q_1/Q_2 \times 100\%$，见表 2-15。

表 2-15　金融信息系统网络安全风险评估规范脆弱性评分

脆弱性赋值标准	脆弱性等级	脆弱性赋值
任一基本项不得分，或 $0\% \leqslant R_{item} < 60\%$	很高	5
$60\% \leqslant R_{item} < 70\%$	高	4
$70\% \leqslant R_{item} < 80\%$	中	3
$80\% \leqslant R_{item} < 90\%$	低	2
$90\% \leqslant R_{item} < 100\%$	很低	1

（4）已有的安全措施确认。

确认已有的安全措施，评估其有效性。有效的措施继续保持，不适当的措施需核实是否取消或修正，并考虑替换为更合适的措施。

根据威胁、脆弱性和已有安全措施的分析结果，结合脆弱性被利用的技术难度、脆弱性的流行程度，得出脆弱性被利用的可能性，并进行等级化处理。不同等级表示脆弱性被利用的可能性高低。等级数值越大，脆弱性被利用的可能性越高。脆弱性被利用的可能性等级赋值参见表 2-16。

表 2-16　金融信息系统网络安全风险评估规范脆弱性等级划分

赋值	等级	定义
5	很高	实施了控制措施后，脆弱性被利用的可能性仍很大
4	高	实施了控制措施后，脆弱性被利用的可能性较大
3	中等	实施了控制措施后，脆弱性被利用的可能性一般
2	低	实施了控制措施后，脆弱性被利用的可能性小
1	很低	实施了控制措施后，脆弱性基本不可能被利用

（六）风险要素关系

风险评估基本要素包括业务、资产、威胁、脆弱性，安全措施以及风险。风险评估围绕基本要素展开，在对基本要素评估过程中宜充分考虑与基本要素相关的各类属性。风险评估基本要素关系如图 2-13 所示。

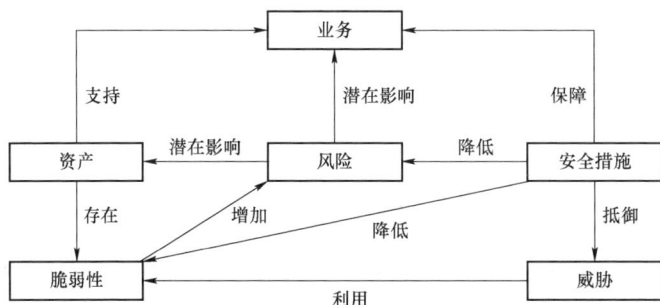

图 2-13　金融信息系统网络安全风险评估规范风险要素关系

开展风险评估时，基本要素之间的关系如下：

（1）业务开展依赖资产支撑；

（2）资产的脆弱性越多，风险越大；

（3）威胁通过利用脆弱性增加风险，可能转化为安全事件，影响资产和业务；

（4）安全措施通过降低脆弱性被利用的难易程度，抵御威胁，减少风险，保障业务运行。

（七）风险分析原理

风险分析指在各评估要素识别阶段工作成果的基础上，综合考虑资产、威胁、脆弱性、安全控制（管理）措施等风险构成要素，进行安全风险的分析。在风险分析的过程中，首先应建立系统的风险列表，确定风险排名，进一步统计不同区域的风险排名，并分析技术和管理两方面主要面临的安全风险。主要包括以下工作内容。

（1）分析风险等级较高的资产。

（2）分析各区域系统风险，评价风险等级较高的区域。

（3）采用定量方法分析风险值，结合风险等级划分原则将资产风险等级从1到5进行量化，等级越高，风险越大，见表2-17。

表 2-17　金融信息系统网络安全风险评估规范风险等级划分

赋值	等级	风险定义	区间划分
5	很高	风险很高，导致系统受到非常严重影响	（256，625]
4	高	风险高，导致系统受到严重影响	（81，256]
3	中	风险中，导致系统受到较重影响	（16，81]
2	低	风险低，导致系统受到一般影响	（8，16]
1	很低	风险很低，导致系统受到较小影响	（0，8]

（4）对数据进行有效性验证，方法包括类型检查、值域检查和勾稽关系校验等。

1）类型检查：检查数据的类型是否是整型。

2）值域检查：根据所设区间范围，检查风险值是否是大于0、小于或等于625的整数，检查风险等级赋值是否是大于0、小于或等于5的整数。

3）勾稽关系校验：根据区间划分，对风险等级赋值进行验证。例如：风险值为200，风险等级赋值应是4，否则视为不符合勾稽关系校验，应重新赋值。

（5）记录数据校验结果。

（八）风险评估流程

1. 风险评估原理

风险评估原理如图2-14所示。

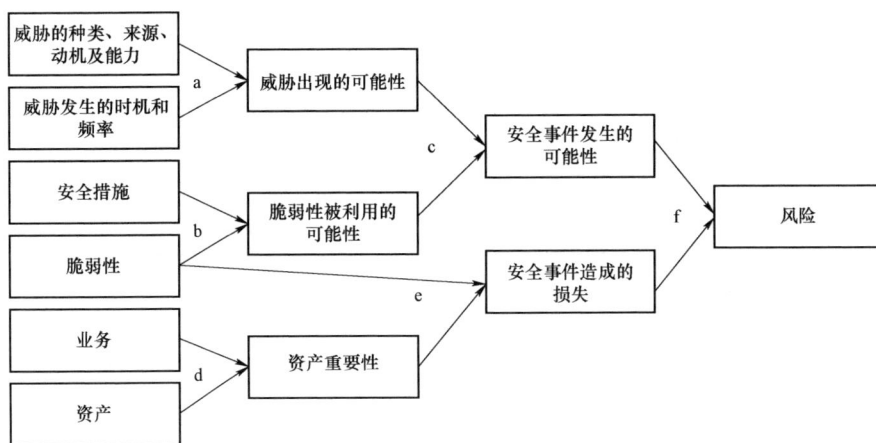

图2-14 金融信息系统网络安全风险评估规范风险评估流程

（1）根据威胁的种类、来源、动机及能力，结合威胁发生的时机和频率确定威胁出现的可能性。

（2）分析脆弱性与已实施的安全措施的关联，确定脆弱性被利用的可能性。

（3）根据威胁发生的可能性及脆弱性被利用的可能性，确定安全事件发生的可能性。

（4）根据资产在业务中的作用，评估资产的重要性。

（5）根据脆弱性的严重程度及资产的重要性，评估安全事件可能造成的损失。

（6）根据安全事件发生的可能性及造成的损失，确定被评估对象的风险。

2. 风险评估阶段

风险评估各阶段工作如图 2-15 所示。

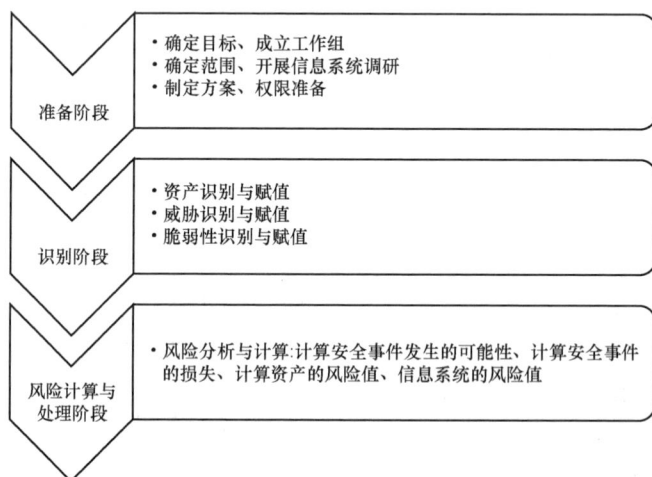

图 2-15　金融信息系统网络安全风险评估规范风险评估阶段

（九）应用情况

作为我国首个针对金融信息系统的风险评估标准，该标准的发布和实施对于建立完善的网络安全标准体系、保障体系和监管体系具有重要意义。它对提升我国网络安全水平和行业发展具有积极作用，且对金融管理部门、金融机构和评估机构开展风险评估工作提供了统一、规范和指导。此外，对其他行业的信息系统网络安全风险评估工作也具有重要参考价值。

四、安全与韧性业务连续性管理体系要求

（一）基本信息

名称:《安全与韧性业务连续性管理体系要求》

标准号: GB/T 30146—2023

发布时间: 2023

发布/归口单位: TC351（全国公共安全基础标准化技术委员会）

适用范围: 适用于评估一个组织满足自身业务连续性需求和责任的能力。

（二）产生背景

业务连续性管理作为一个整体的管理流程，能够及早识别潜在的冲击及其对组织运行的威胁。它提供了合理的架构以有效组织或抵消这些不确定事件的威胁，确保组织的日常业务运行平稳有序。业务连续性管理不仅应对低概率的重大灾难事件，还逐渐成为提升业务恢复能力、保护组织价值的重要管理过程，并已成为组织管理的一个核心部分。

因此，提供一套标准的管理体系框架，有助于组织制定一体化的管理流程来面对潜在的威胁，减少灾害带来的损失。

（三）内容简介

GB/T 30146（BCMS—Business Continuity Management System）是国内等同于 ISO 22301 的国家标准，旨在通过策划、建立、实施、运行、监视、评审、保持和持续改进一个文件化的业务连续性管理体系，减少中断事件发生的可能性，并在事件发生时做好准备、响应和恢复。该标准适用于各种类型、规模和特性的组织，具体适用范围取决于组织的运行环境和复杂性。

本标准将"策划（Plan）—实施（Do）—检查（Check）—改进（Act）"

（PDCA）模型应用于业务连续性管理体系中，内容包括：环境、需求、要求与范围的确定，战略目标和指导原则的设立，如何实施业务连续性、衡量绩效，以及如何纠正不符合项等相关要求。

（四）风险相关定义

风险 risk：不确定性对目标的影响。

注 1：影响是指偏离预期，可能是正面的或负面的。

注 2：不确定性是对某个事件，及其后果或可能性的相关信息缺失或了解片面的状态。

注 3：通常，风险是通过有关可能事件（如 ISO Guide 73 所定义）和后果（如 ISO Guide 73 所定义）或两者的组合来描述其特性的。

注 4：通常，风险是以某个事件的后果（包括情况的变化）及其发生的可能性（如 ISO Guide 73 所定义）的组合来表述的。

注 5：这是 ISO 管理体系标准高级结构的通用术语和核心定义之一。最初的定义通过增加"对目标"进行修改，从而保持与 1SO 31000 的一致性。

（五）风险域划分

本标准侧重于对业务连续性的管理，未详细介绍风险域的划分。

（六）风险要素关系

本标准侧重于对业务连续性的管理，未详细介绍风险要素之间的关系。

（七）风险分析原理

本标准侧重于对业务连续性的管理，未详细介绍风险分析原理。

（八）风险评估流程

1. 确定风险和机会

当进行 BCMS 策划时，组织应考量与其意图相关且影响其达到业务连续性管理体系（BCMS）预期结果能力的外部和内部情况，应确定与 BCMS 有关的相关方及要求，并确定需要应对的风险和机会以：

（1）确保 BCMS 能够实现其预期结果；

（2）防止或减少不良影响；

（3）实现持续改进。

2. 应对风险和机会

组织应策划：

（1）应对这些风险和机会的措施。

（2）如何将这些措施在 BCMS 过程中整合和实施：

1）将这些措施在 BCMS 的过程中进行整合和实施。

建立过程准则；按照准则实施过程控制；为了确保过程按策划进行，在必要的范围内保留成文信息；控制策划变更并评审非预期变更的后果，采取措施减轻负面影响。

2）评估措施的有效性。

3. 业务影响分析和风险评估

（1）总则

组织应实施并保持业务影响分析和风险评估的系统过程，并定期评审。评审应基于组织或其环境的重大变化。

注：由组织确定业务影响分析和风险评估的先后顺序。

（2）业务影响分析

组织应使用该过程分析业务影响，以确定业务连续性优先级和要求。该过程应：

1）定义与组织环境相关的影响类型和准则；

2）识别支持产品和服务的活动；

3）评估活动中断对组织的影响及其随着时间推移的严重程度；

4）确定不恢复的活动不可接受的时间范围，称为"最长可容忍中断时间（MTPD）"；

5）在 MTPD 内确定恢复时间目标（RTO），以恢复中断活动；

6）运用业务影响分析来识别优先活动；

7）确定支持优先活动的资源；

8）识别与合作伙伴和供应商的依赖关系。

（3）风险评估

组织应实施并保持一个风险评估过程。

注：ISO 31000 阐述了该风险评估过程，组织应：

1）识别中断对优先活动及其所需资源的风险；

2）分析和评估已识别的风险；

3）确定需处理的风险。

（九）应用情况

本标准提供了框架和指南，帮助组织识别潜在的风险和威胁，制定策略以减少中断影响，并在发生中断后快速恢复运营。该体系涵盖业务影响分析、风险评估、应急响应、业务恢复计划、培训和演练等多个方面。通过此标准的实施，获得 ISO 22301 认证的组织可以展示其对业务连续性的承诺与能力，从而增强客户、合作伙伴和监管机构的信心。此外，ISO 22301 认证还能够帮助组织提高风险管理水平，减少中断带来的损失，保护品牌形象，提升竞争力。

五、电网运行风险监测、评估及可视化技术规范

（一）基本信息

名称：《电网运行风险监测、评估及可视化技术规范》

标准号：GB/T 40585—2021

发布时间：2021

发布/归口单位：TC446（全国电网运行与控制标准化技术委员会）

适用范围：适用于省级及以上电力调度机构及运维单位，其他电力调度机构及运维单位和电网规划、设计等单位可参照执行。

（二）产生背景

随着电力系统的不断发展，电网规模和结构日益复杂，电网运行的安全性和稳定性面临严峻挑战。为了保障电力系统的安全稳定运行，需要建立一套科学、系统、全面的电网运行风险监测、评估及可视化技术规范。这些规范的实施能够实现对电网运行风险的实时监测、准确评估和直观展示，为电网调度运行人员提供决策支持。

GB/T 40585—2021 的制定，是对现有电网运行风险监测、评估及可视化技术规范的补充和完善，旨在为电力行业提供统一、规范的技术标准，保障电力行业的健康发展。

（三）内容简介

电网运行风险应分析实时或超短期内可能影响电网安全稳定运行的事件或因素，评估其对电网运行的危害。应全面监测电网运行信息，基于监测数据生成风险场景，进行指标计算和风险评估，最终实现风险的可视化展示。电网运行风险监测、评估和可视化的流程如图 2-16 所示。

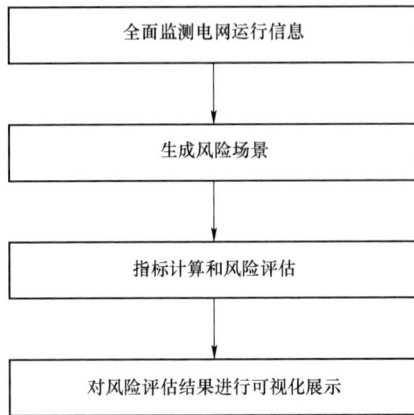

图 2-16　电网运行风险监测、评估及可视化技术规范评估流程

（四）风险相关定义

（1）电网运行风险（power grid operational risk）：指实时或超短期内可能影响电网安全稳定运行的因素或事件发生的可能性及危害性。

（2）风险场景（risk scenario）：指影响电网安全稳定运行的因素或事件发生的特定场景。

（3）风险危害（risk severity）：指影响电网安全稳定运行的因素或事件导致的严重后果。

（4）风险评估（risk assessment）：对风险危害的综合性评估。

（5）风险预警（risk early warning）：基于风险源，按风险危害程度可视化呈现风险信息，供电网运行维护人员参考和决策。

（6）可视化（visualization）：利用计算机图形学和图像处理技术，将数据转化为图形或图像，并在屏幕上进行显示和交互处理的技术。

（五）风险域划分

电网运行风险监测应全面监视电网资源的实时数据和历史数据，内容包括但不限于以下几个方面：

（1）量测数据：指电网、电厂、变电站及交流线路、直流线路、机组、母线、变压器、断路器、并联电容器、并联电抗器等一次设备相关的电力数据。量测数据来源于电网调度控制系统。

（2）电量数据：指电网、发电厂、直流输电系统、面以及发电机，变压器绕组、交流线路、电容器、电抗器等一次设备相关联的电表测量值、功率积分值或人工填写的报表值。电量数据来源于电网调度控制系统。

（3）故障与运行事件数据：包括设备故障、设备缺陷、设备停电和负荷控制数据。故障与运行事件数据主要来源于电网调度控制系统。

（4）告警数据：主要指告警日志，包括告警信号、开关或刀闸位置变化，母线电压、线路电流或变压器功率量测越限等。告警数据来源于电网调度控制系统。

（5）计划预测数据：指电网、电厂以及交流线路、直流线路、机组、母线等一次设备相关的负荷预测和电能计划数据。计划预测数据来源于电网调度控制系统。

（6）外部环境数据：包括大风、气温、台风、冰灾、电、暴雨、山火、沙尘、鸟害、洪水、地震、疫情、网络攻击、人为破坏等。外部环境数据主要来源于气象信息系统、台风预测系统等。

（六）风险要素关系

电网运行风险指标体系是电网运行状态的评估依据，宜包含安全稳定、平衡调节、外部环境等三大类指标。各级电网可结合实际情况进行调整。安全稳定类包括静态安全水平、功率稳定水平、电压稳定水平、频率稳定水平、短路电流水平等指标。平衡调节类包括平衡能力、调节能力等指标。外部运行环境类包括气象灾害等指标。

（七）风险分析原理

综合风险指标应基于安全稳定、平衡调节、外部环境等三类指标的风险场景进行计算。综合风险指标值宜分为紧急、告警、正常三级，具体评分可根据实际情况自定义。

应具备风险预警功能，风险评估结果预警信息应符合 GB/T 31992 的规定。

电网运行风险的可视化应包括运行状态风险、电网结构风险、设备故障风险等的可视化展示。

对于不同类型的数据，应结合其特点，使用合适的可视化展示方式，以展示风险危害和风险级别。根据严重程度，通过颜色来标识不同风险等级，具体颜色定义见表 2-18。

表 2-18　电网运行风险监测、评估及可视化技术规范风险级别划分

风险级别	颜色
紧急	红色
告警	黄色
正常	绿色

（八）风险评估流程

风险评估应基于风险监测数据生成风险场景，根据风险场景逐一计算风险指标，最终结合各类因素汇总得到电网运行风险值，并进行风险预警。

1. 风险场景生成

风险场景分为由外部环境直接造成的风险场景和由预想故障导致的风险场景。各级电网可根据历史统计或实际情况考虑概率因素。外部环境类风险场景通过电网风险监测直接获取。预想故障类风险场景在电网运行状态基础上叠加预想故障生成，预想故障可从以下集合中选取：

（1）N-1 预想故障；

（2）本地区历史事故统计中常见的事故；

（3）GB 38755—2019 标准中 4.2 部分的前两类大扰动；

（4）可能性较大的 N-2 及以上非常规故障，如自然灾害、恶劣气候条件下可能发生的两个及以上元件同时或相继跳闸，故障时开关拒动，二次系统异常（如控制保护、通信自动化等）导致的故障。

2. 风险危害评估方法

风险危害评估可采用包括但不限于下列计算分析方法：

（1）电网拓扑结构分析；

（2）电力系统潮流及无功电压分析；

（3）电力电量平衡分析；

（4）电力系统静态安全分析；

（5）电力系统静态稳定计算分析；

（6）电力系统暂态稳定计算分析；

（7）电力系统小扰动稳定计算分析；

（8）电力系统电压稳定计算分析；

（9）电力系统频率稳定计算分析；

（10）电力系统短路电流计算分析；

（11）次同步/超同步振荡计算分析。

3. 风险评估和定级

风险评估和定级要求如下：

（1）对于外部环境类风险场景，应基于电网风险监测数据直接判定或统计风险指标；

（2）对于故障类风险场景，应基于电网运行状态和故障信息，计算运行风险指标。

（九）应用情况

GB/T 40585—2021《电网运行风险监测、评估及可视化技术规范》为电网企业在电网运行风险监测与评估工作中提供了指导原则，规范了电网运行风险监测、评估及可视化的技术要求。通过实施该标准，可以提高电网运行的安全性和稳定性，降低电网运行风险。

六、电力监控系统网络安全评估指南

（一）基本信息

名称：《电力监控系统网络安全评估指南》

标准号：GB/T 38318—2019

发布时间：2019

发布/归口单位：TC82（全国电力系统管理及其信息交换标准化技术委员会）

适用范围：适用于各电力企业电力监控系统规划阶段、设计阶段、实施阶段、运行维护阶段和废弃阶段的网络安全防护评估工作。

（二）产生背景

随着计算机和网络通信技术在电力监控系统中的广泛应用，电力监控系统的网络安全问题日益凸显。为加强电力监控系统的安全管理，防范黑客及恶意代码等对系统的攻击，保障电力系统的安全稳定运行，根据国家发展和改革委员会 2014 年第 14 号令《电力监控系统安全防护规定》和国家信息系统等级保护等相关规定，制定了 GB/T 36572—2018《电力监控系统网络安全防护导则》（以下简称《防护导则》）。"评估指南"作为《防护导则》的配套标准，主要针对《防护导则》中的安全防护体系进行评估指导。

（三）内容简介

该评估指南将电力监控系统的评估工作分为规划、设计、实施、运行维护、废弃五个阶段，详细阐述每个阶段的工作内容，为电力行业如何开展电力监控系统网络安全评估工作指明了方向，如图 2-17 所示。

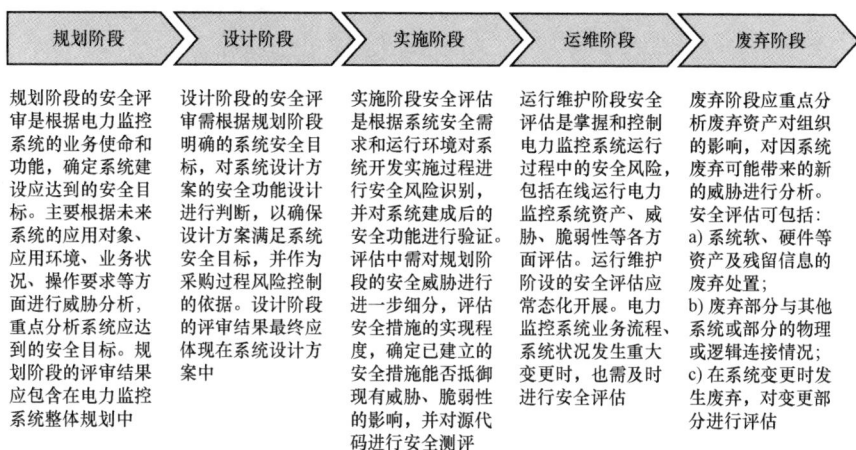

规划阶段	设计阶段	实施阶段	运维阶段	废弃阶段
规划阶段的安全评审是根据电力监控系统的业务使命和功能，确定系统建设应达到的安全目标。主要根据未来系统的应用对象、应用环境、业务状况、操作要求等方面进行威胁分析，重点分析系统应达到的安全目标。规划阶段的评审结果应包含在电力监控系统整体规划中	设计阶段的安全评审需根据规划阶段明确的系统安全目标，对系统设计方案的安全功能设计进行判断，以确保设计方案满足系统安全目标，并作为采购过程风险控制的依据。设计阶段的评审结果最终应体现在系统设计方案中	实施阶段安全评估是根据系统安全需求和运行环境对系统开发实施过程进行安全风险识别，并对系统建成后的安全功能进行验证。评估中需对规划阶段的安全威胁进行进一步细分，评估安全措施的实现程度，确定已建立的安全措施能否抵御现有威胁、脆弱性的影响，并对源代码进行安全测评	运行维护阶段安全评估是掌握和控制电力监控系统运行过程中的安全风险，包括在线运行电力监控系统资产、威胁、脆弱性等各方面评估。运行维护阶段的安全评估应常态化开展。电力监控系统业务流程、系统状况发生重大变更时，也需及时进行安全评估	废弃阶段应重点分析废弃资产对组织的影响，对因系统废弃可能带来的新的威胁进行分析。安全评估可包括： a) 系统软、硬件等资产或残留信息的废弃处置； b) 废弃部分与其他系统或部分的物理或逻辑连接情况； c) 在系统变更时发生废弃，对变更部分进行评估

图 2-17　电力监控系统网络安全评估指南评估工作

（四）风险相关定义

该标准中未对风险相关术语进行定义。

（五）风险域划分

电力监控系统的网络安全防护体系存在多种描述方式，本标准从三个维度进行描述，形成一个立体结构：安全防护技术、应急备用措施、全面安全管理。三个维度相互支撑、相互融合、动态关联并不断发展。安全防护技术维度包括基础设施安全、体系结构安全、系统本体安全、可信安全免疫等；应急备用措施维度包括冗余备用、应急响应、多道防线等；全面安全管理维度包括全体人员安全管理、设备安全管理、全生命周期安全管理以及融入安全生产管理体系，如图 2-18 所示。

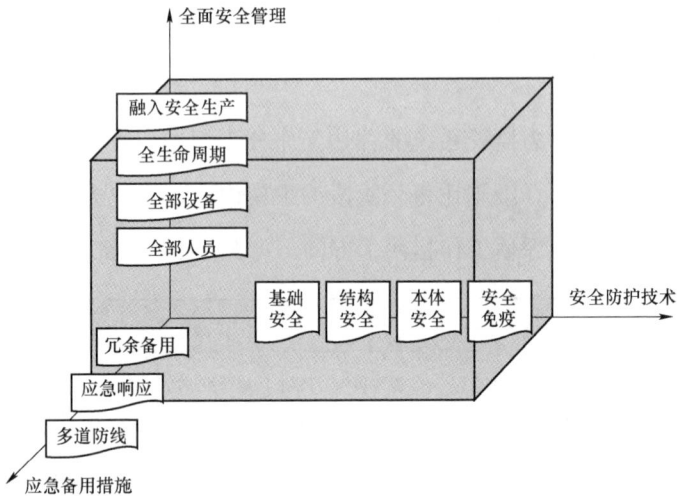

图 2-18　电力监控系统网络安全评估风险域划分

（六）风险要素关系

评估内容包括资产评估、威胁评估、脆弱性评估。

资产评估通过资产分类、调查、赋值等过程，最终形成资产列表和资产赋值报告。

威胁评估通过威胁分类、调查、分析和赋值等过程，形成威胁分析报告。

脆弱性评估主要包括基础设施安全、体系结构安全、本体安全、可信安全免疫、应急备用措施和安全管理等。

（七）风险分析原理

资产、威胁、脆弱性评估需要按照国家等级保护相关标准、GB/T 31509—2015《信息安全技术信息安全风险评估实施》和 GB/T 20985—2007《信息安全技术信息安全风险评估规范》等规定执行。

GB/T 31509—2015《信息安全技术信息安全风险评估实施》是 GB/T 20985—2007《信息安全技术信息安全风险评估规范》的操作性指导标准，目前 GB/T 20985—2007《信息安全技术信息安全风险评估规范》已由 GB/T

20984—2022《信息安全技术信息安全风险评估方法》全面替代，因此 GB/T 38318—2019《电力监控系统网络安全评估指南》风险分析原理可参照 GB/T 20984—2022《信息安全技术信息安全风险评估方法》执行。

（八）风险评估流程

电力监控系统网络安全评估分为四个阶段：启动准备阶段、现场实施阶段、风险分析阶段和安全建议阶段。在评估结束后，应根据评估结论进行安全整改。评估流程如图 2-19 所示。

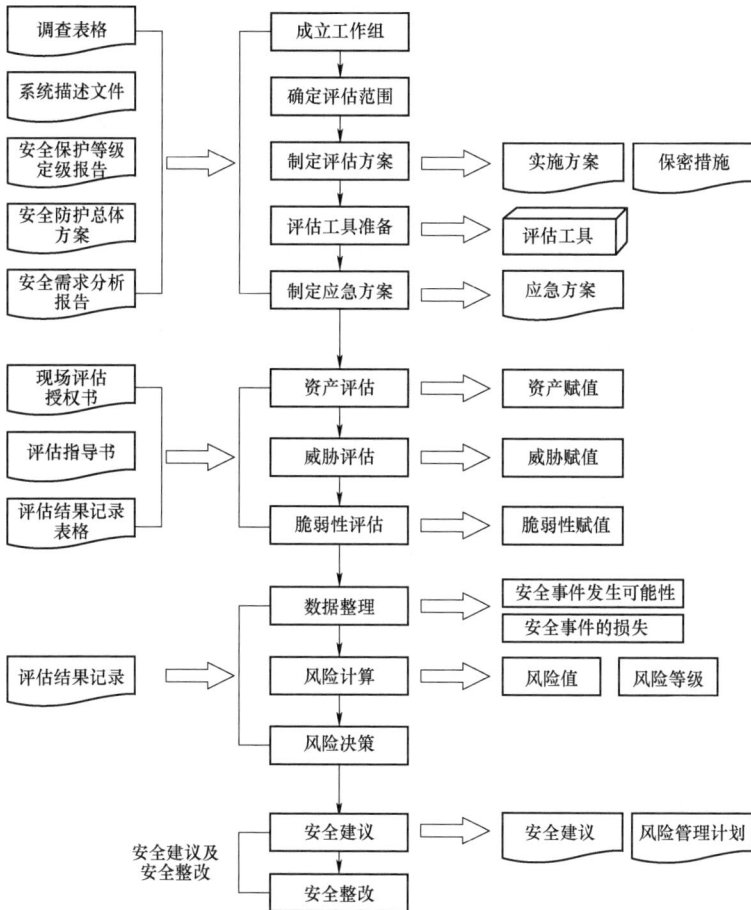

图 2-19　电力监控系统网络安全评估风险评估流程

（九）应用情况

GB/T 38318—2019 的发布与实施，为电力行业提供了一套科学、系统、可操作的网络安全评估指南，助力提升电力监控系统的安全防护能力。该标准详细规定了网络安全评估的内容、方法和流程，为电力企业的网络安全防护工作提供了科学的指导。通过评估，电力企业能够及时发现并修复安全漏洞，提升系统防护水平。

第三节　国内外风险评估机制对比分析

在对国内外风险评估模型进行深入对比分析后，我们可以发现一些显著的差异和特点。

一、模型设计特点差异

国内的风险评估模型通常侧重于特定领域的标准，提供明确的指导原则和操作步骤，使得评估过程具有较高的针对性和可操作性。然而，这些模型往往缺乏系统性整合，未能形成统一的体系。因此，在不同领域和行业之间，可能存在不一致性和重复性问题。

国外的风险评估模型更倾向于框架类设计，具有较高的灵活性和通用性，能够适应不同行业和组织的信息技术风险评估需求。尽管框架类模型能够覆盖多种应用场景，但其缺乏对具体行业或领域的深入指导，可能导致评估结果不够精细和具体。

二、风险评估对象分类

从风险评估的对象来看，风险评估模型可以分为两大类：组织类和系统类。组织类模型主要聚焦于整体风险评估，能够从宏观层面掌握组织的风险状况，但可能忽略对具体信息系统层面的评估。而系统类模型则专注于特定信息系统的风险评估，深入分析系统层面的潜在风险和脆弱性，但在评估过程中往往缺少对组织管理层面因素的充分考虑。

此外，无论是组织类还是系统类的风险评估模型，通常都侧重于静态的、系统当前状态下的已知风险和威胁，并依据已知风险进行安全防护措施设计。然而，这些模型往往忽视了系统运行过程中可能出现的新风险，尤其是在人员操作、业务流程变化和管理措施执行不到位等方面带来的动态风险。现有模型对这些动态因素的关注较为不足，可能导致评估结果未能全面反映实际的风险状况。

综上所述，为了确保风险评估的全面性和准确性，必须综合考虑组织层面的整体风险状况以及具体信息系统在运行过程中可能产生的动态风险。评估过程中不仅应关注已知的静态风险，还应持续监测并评估系统运行中的潜在新风险，确保评估结果的实时性和有效性，从而为组织提供更加精准的风险管理和决策支持。

第四节　风险评估机制建设思考

通过对 NIST、OCTAVE、COBIT、TARA 等信息技术风险评估框架以及《信息安全技术信息安全风险评估方法》《工业控制系统风险评估实施指南》《金融信息系统网络安全风险评估规范》《安全与韧性业务连续性管理体系要求》《电网运行风险监测、评估及可视化技术规范》《电力监控系统网络安全评估指南》等标准的分析，可以得出在风险要素组成、风险分析原理、风险评估流程、风险等级四方面的共性与不足：

一、风险要素组成

NIST、OCTAVE、COBIT、《信息安全技术信息安全风险评估方法》《工业控制系统风险评估实施指南》《金融信息系统网络安全风险评估规范》《电网运行风险监测、评估及可视化技术规范》《电力监控系统网络安全评估指南》等在风险要素组成中均包括了资产、威胁、脆弱性三部分。除此之外，NIST、OCTAVE、COBIT 等组织类风险评估规范还特别强调了组织和人员因素在风险评估中的重要性。人的因素包括员工的安全意识、培训水平、操作失误等，这些都可能成为风险的来源。因此，在进行风险评估时，需要综合考虑信息系统自身的资产价值、威胁、脆弱性以及组织文化、员工行为、管理流程等多方面因素，以确保评估结果的全面性和准确性。

在复杂电力信息系统的背景下，这些因素尤为重要。复杂电力信息系统不仅涉及大量的关键业务数据和运营管理，还关系到电力企业的核心运营和服务交付。因此，在评估风险时，不仅要关注技术层面的资产、威胁和脆弱性，还要深入分析组织结构、人员行为和流程管理等方面，以确保电力信息系统的全面安全和稳定运行。通过这种全面的风险评估，可以为复杂电力信息系统的安全管理提供科学依据，帮助制定有效的风险应对策略，从而保障其运行的可靠性和安全性。

二、风险分析原理

OCTAVE、COBIT 以及《信息安全技术信息安全风险评估方法》《工业控制系统风险评估实施指南》《金融信息系统网络安全风险评估规范》《电网运行风险监测、评估及可视化技术规范》《电力监控系统网络安全评估指南》等标准和指南，虽然各自侧重点和应用领域有所不同，但它们在风险分析的核心方法论上展现出了显著的共性。这些共性体现在以下几个方面：

（1）量化资产价值：所有这些标准和指南都强调了对资产价值的量化评估。这是因为资产是风险管理的核心对象，它们的价值直接关系到风险管理的优先级和资源分配。通过量化资产价值，组织能够更清晰地识别哪些资产是最宝贵的，从而更有针对性地进行保护。

（2）评估风险造成的影响：风险的影响评估是另一个共性。这些标准和指南都要求组织评估如果资产遭受损失或泄露，可能对业务、声誉等方面造成的影响。这种评估有助于组织理解风险的严重性，并据此制定相应的风险缓解措施。

（3）评估风险发生的可能性：风险发生的可能性评估是风险分析的第三个共性。这些标准和指南都要求组织评估威胁利用脆弱性对资产造成损害的概率。这种评估有助于组织理解风险的紧迫性，并据此确定风险管理的优先级。

（4）风险值的计算：这些标准和指南都提供了计算风险值的方法。风险值的计算通常是基于资产价值、风险影响和风险发生可能性的量化结果。这种计算有助于组织对风险进行排序，确定哪些风险需要优先处理。

这些共性为影响复杂电力信息系统运行稳定的风险分析提供了宝贵的启示，强调了通过量化资产价值、评估风险影响和发生可能性来计算风险值，从而更精确地识别和评估潜在风险，并制定有效的风险应对策略，以优化资源配置，提高电力信息系统的安全稳定性。

三、风险评估流程

《信息安全技术信息安全风险评估方法》《电力监控系统网络安全评估指南》风险评估流程均为 4 个阶段，基本可以概况为：评估准备、风险识别评估、风险分析、风险评价，其余的 NIST、OCTAVE、COBIT 虽然有多个步骤，但也可以大致划分为这四个阶段。而《工业控制系统风险评估实施指南》《金融信息系统网络安全风险评估规范》《安全与韧性业务连续性管理体系要求》《电网运行风险监测、评估及可视化技术规范》也设置了 4 个阶段，即在原有的评估准备、风险识别评估、风险分析三个阶段后，将风险评价阶段变成了风险处理阶段，这样可以更全面地完成对风险的管理，见表 2-19。

表 2-19　风险评估流程

序号	名称	适用对象	风险要素组成	风险分析原理	风险评估流程	风险等级划分
1	NIST	组织类	(1)组织面临的威胁(例如,运行方面的、资产的或个人的)或通过与其他机构或国家组织而产生的威胁;(2)组织内外部的脆弱性;(3)威胁利用脆弱性的潜在可能性对组织造成的损害;(4)损害发生的可能性	未提及	风险评估过程被分为三个步骤:准备、实施和维护	未设置等级
2	OCTAVE	组织类	利用组织内各级员工的知识以及标准信息目录,确定信息资产及其价值、对这些资产的威胁和安全要求	对风险的影响和概率（也称为风险属性）进行估计,随后用于帮助确定风险的优先级	1. 以第一阶段捕获的信息为基础,确定高优先级的基础设施组件 2. 进行基础设施漏洞评估,以识别缺失的政策和实践以及漏洞	未设置等级
3	COBIT	组织类	关键业务目标、风险评估未发现的重大事故数量、风险概况的更新频率、导致重大事故的客户服务或业务流程中断的次数、事故造成的业务成本、因计划外服务中断而损失的业务处理小时数、与承诺的服务可用性目标有关的投诉百分比	评估与I&T风险场最相关的损失或收益的发生频率（或可能性）和程度。将当前风险（I&T相关的损失敞口）与风险偏好和可接受的风险容忍度进行比较。识别不可接受的或上升的风险。对超过风险偏好和容忍度的风险提出风险应对建议	1. 了解组织及其I&T风险相关的背景 2. 确定企业的风险偏好,即企业为实现其目标而愿意承担的I&T相关风险的水平 3. 确定相对风险偏好的风险容忍度,即暂时可接受的与风险偏好的偏离水平 4. 确定I&T风险战略与企业风险战略的一致程度,并确保风险偏好低于组织的风险能力 5. 在企业战略决策未决之前主动评估I&T风险因素,并确保企业的战略决策流程将风险纳入考虑 6. 评估风险管理活动,确保与企业的I&T相关损失承受力及领导层对此损失的容忍度保持一致 7. 吸引并维护I&T风险管理所需的技能和人员	未设置等级

续表

序号	名称	适用对象	风险要素组成	风险分析原理	风险评估流程	风险等级划分
4	《信息安全技术信息安全风险评估方法》	系统类	资产、威胁、脆弱性和安全措施	1. 根据威胁的能力和频率，以及脆弱性被利用难易程度，计算安全事件发生的可能性 2. 根据安全事件造成的影响程度和资产价值，计算安全事件发生后对评估对象造成的损失 3. 根据安全事件发生的可能性以及安全事件发生后造成的损失，计算系统资产面临的风险值 4. 根据业务所涵盖的系统资产风险值综合计算得出业务风险值 评估方可根据自身情况选择相应的风险计算方法计算风险，将安全事件发生的可能性与安全事件的损失进行运算得到风险值	该标准的风险评估流程分为评估准备、风险识别、风险分析和风险评价四个阶段。其中，风险识别阶段包括资产识别、威胁识别、已有安全措施识别和脆弱性识别四个部分的内容	未设置等级
5	《工业控制系统风险评估实施指南》	系统类	资产、威胁、保障能力以及脆弱性	工业控制系统各要素的关系，R=F（A，T，V，P）。其中，R 表示安全风险；F 表示安全风险计算函数；A 表示资产；T 表示威胁；V 表示脆弱性；P 表示安全保障能力	工业控制系统风险评估实施分为 3 个阶段，包括：风险评估准备阶段、风险要素评估阶段、综合分析阶段	五级
6	《金融信息系统网络安全风险评估规范》	系统类	业务、资产、威胁、脆弱性、安全措施以及风险	采用区间划分的方法将计算出的资产风险等级值进行量化	风险评估流程分为 3 个阶段：准备阶段、识别阶段、风险计算与处理阶段	五级
7	《安全与韧性业务连续性管理体系要求》	组织类	未提及	未提及	风险评估流程分为 3 个阶段：确定风险和机会、应对风险和机会、业务影响分析和风险评估	未设置等级
8	《电网运行风险监测、评估及可视化技术规范》	系统类	从安全稳定、平衡调节、外部环境等三大类指标评估电网运行状态	系统级综合风险指标应基于安全稳定、平衡调节、外部环境等三大类指标各风险场景的运行风险指标进行计算	风险评估流程分为 3 个阶段：风险场景生成、风险危害评估方法、风险评估和定级	未设置等级
9	《电力监控系统网络安全评估指南》	系统类	资产、威胁、脆弱性	按照国家等级保护相关标准、GB/T 31509—2015《信息安全技术信息安全风险评估实施》和 GB/T 20985—2007《信息安全技术信息安全风险评估规范》等规定执行	风险评估流程分为 4 个阶段：启动准备阶段、现场实施阶段、风险分析阶段和安全建议阶段	未设置等级

因此，在设计复杂电力信息系统的风险评估模型时，可以将风险评估流程设计为五个阶段：评估准备、风险识别、风险分析、风险评价、风险控制。这样的设计不仅符合多个标准和框架的共性，而且通过增加风险控制阶段，可以更细致地分析风险的影响，为风险决策提供更充分的依据，及时整改已发现的风险，确保复杂电力信息系统运行的安全性和稳定性。

四、风险等级

仅有《工业控制系统风险评估实施指南》《金融信息系统网络安全风险评估规范》设置了等级，且均为五级，其余均未设置等级，因此在考虑为复杂电力信息系统的风险评估模型设置等级时，可以参照这两个标准，考虑将风险等级按照五级去划分，这种分级方法可以帮助组织更细致地区分风险的严重程度，并据此制定相应的风险控制措施。

第三章　评估机制研究过程

第一节　设计原则

科学、合理的评估机制应需确保覆盖全面，灵活适应复杂环境，并能够切实助力降低系统风险，提高系统的韧性和可靠性。以下是研究和设计复杂电力信息系统运行风险评估机制的关键原则。

一、系统性原则

电力信息系统具有高度复杂性，涵盖了众多互联的子系统、硬件设施、软件组件以及数据传输网络等。因此，在进行风险评估机制设计时，必须具备系统性思维，覆盖系统的所有关键环节，确保评估过程不遗漏任何重要风险点。

（1）全局性：评估机制应覆盖电力信息系统的整体架构，包含核心信息系统、外部支持系统、冗余备份系统以及通信基础设施等多个层面。局部评估难以识别系统内各组成部分间的相互影响及潜在的连锁反应，从而降低对系统整体安全态势的评估准确性。

（2）整体协调性：各子系统之间存在复杂的关联关系，评估机制应充分考虑这些关联，通过系统化流程识别潜在的风险传播路径和交互影响。

（3）动态适应性：电力信息系统随着技术进步和环境变化持续演化，评估机制应具备动态适应能力，能够根据系统结构和外部环境的变化，及时调整评估内容，以确保评估的准确性和有效性。

二、主动预防与前瞻性原则

风险评估机制不仅应聚焦于当前风险的识别与应对，更应具备主动预防和前瞻性特征，能够在风险发生前进行预判，并采取相应措施降低潜在威胁，保障系统的稳定性和安全性。

（1）风险预测：评估机制应具备前瞻性，能够通过先进的预测与分析手段，结合历史数据与趋势分析，识别潜在风险的发生概率及其可能影响，提前进行风险预判和防范。

（2）实时监测与预警：评估机制应具备动态监测与预警能力，能够持续关注系统运行状态及外部环境变化，及时捕捉潜在风险信号，并为早期干预提供依据，确保在风险初现时能够迅速响应。

（3）预防措施机制：评估机制应强调主动预防，通过建立健全的预防体系，如定期安全审计、设备检测、漏洞修复等措施，从源头上降低风险的发生概率，提升系统整体安全性和韧性。

三、源头控制与隐患管理原则

有效的风险管理应从源头着手，识别并降低潜在隐患。在设计评估机制时，应重点关注风险源，通过根本性治理措施降低或控制风险的发生及其影响。

（1）根源治理：评估机制应强调深入识别和分析系统中反复出现或潜在的风险问题，关注其根本原因，并通过优化流程、调整设计或引入先进技术等手段，从源头上降低或控制风险。

（2）隐患排查机制：评估机制应注重建立全面的隐患排查机制，定期对系统中的硬件设施、软件系统及网络通信链路等关键环节进行检查，确保能够及时识别潜在隐患并采取有效措施进行管理。

（3）标准化流程：评估机制应倡导标准化的隐患排查和处置流程，确保在不同环节和子系统中得以统一应用，进而构建一个高效、稳定的隐患管理体系，以持续降低系统的整体风险。

四、内生能力建设原则

复杂电力信息系统应具备自我防护和自我修复的能力。因此，风险评估机制应关注提升系统的内生能力，使其在面对复杂外部威胁时能够自主应对，减少对外部干预的依赖。

（1）自适应能力：评估机制应关注系统在面对环境变化时的自我调整能力，确保系统能够根据外部威胁与变化自动调整其状态和应对策略，从而实现快速响应和有效防护。

（2）自我修复能力：评估机制应强调系统的自我修复能力，确保系统在遭遇风险或故障时，能够通过内在机制迅速恢复关键功能，保障系统的稳定性与持续运行。

（3）智能化监控：评估机制应注重提升系统的智能感知与分析能力，确保系统能够借助先进的智能技术识别异常状态并自主分析、判断潜在风险，从而实现精准高效的风险预警和管理。

五、多维度综合评估原则

复杂电力信息系统所涉及的风险涵盖多个维度，包括但不限于人员、设备、环境和管理等方面。风险评估机制应从多个维度进行全面综合考量，确保潜在的风险因素均被纳入分析范围，以实现系统的全方位风险识别与管理。

（1）"人"维度评估：评估机制应关注人员管理及行为层面的风险，涵盖操作失误、权限滥用、安全意识薄弱等问题，确保通过对人员因素的有效评估与管控，识别并防范可能的人为风险。

（2）"物"维度评估：评估机制应关注基础设施的安全性与可靠性，确保通过对基础设施层面的全面评估与管理，及时识别潜在的设施风险，保障系统的持续稳定运行。

（3）"环境"维度评估：评估机制应充分考虑外部环境因素的潜在影响，

确保从环境层面进行全面的风险识别，提升系统应对外部威胁的能力和韧性。

（4）"管理"维度评估：评估机制应注重管理制度与流程的健全性，确保各项管理措施规范、完善，通过严格的管理流程和制度设计，降低因管理疏漏或不当带来的风险。

六、数据驱动原则

复杂电力信息系统的风险评估依赖于对数据的全面利用和深度分析。在设计评估机制时，应以数据为核心，构建科学的数据采集、存储、分析和反馈体系，以确保系统运行状态及潜在风险能够得到精准反映和有效管理。

（1）数据采集与整合：评估机制应考虑多源数据的系统化采集与整合，可通过传感器、监控设备及日志系统等手段，全面收集各类相关数据，并对其进行清洗与统一整合，为后续的风险评估提供精准、可靠的数据基础。

（2）数据分析与评估：评估机制应强调利用先进的统计分析、数据挖掘与机器学习等技术手段，对采集到的数据进行深入分析，识别潜在的风险趋势和模式，从数据中提取出关键信息，为风险识别和评估提供科学依据。

（3）数据驱动决策：评估机制应充分发挥数据分析结果在决策中的指导作用，将数据驱动的洞察应用于风险控制策略的制定和调整，确保评估过程的科学性、精准性与实时性。

七、持续改进原则

复杂电力信息系统的运行环境和威胁形式不断变化，因此，风险评估机制应具备持续改进与动态优化的能力，以应对不断变化的挑战和需求。

（1）持续优化：评估机制应关注持续的反馈和评价机制，确保根据风险评估结果及外部环境变化定期调整和优化评估内容与策略，以实现动态适应与改进。

（2）灵活更新：评估机制的标准和流程应具备灵活性与开放性，确保在实践中能够根据新需求和新挑战进行定期修订和优化，从而确保其持续有效性和适应性。

（3）经验积累：评估机制应强调通过对历史风险事件的深入分析，积累经验与教训，并建立系统化的风险管理知识库，为未来的风险防控提供科学参考与决策支持。

第二节　研究过程

一、需求分析

随着信息技术和智能化技术的迅猛发展，电力信息系统正朝着一个高度复杂、涉及多层次技术架构和多节点统一管理的综合性平台方向演进。这种复杂性主要表现在系统架构的多层次性、技术平台的高度集成性、业务流程的多样性以及涉及的利益相关方的广泛性与协调管理的挑战。因此，开展针对复杂电力信息系统的运行风险评估显得尤为重要。

除此之外，复杂电力信息系统还融合了云计算、大数据、物联网、人工智能、移动应用等先进技术，提供智能化、自动化的服务。这些新兴技术的引入，使电力信息系统在数据处理、预测决策、资源优化和智能调度等方面具备了更为强大的能力，显著提升了系统的运行效率和智能化水平。然而，随着技术复杂性的增加，也带来了更多的技术、管理和安全风险，进一步加剧了系统的整体复杂度。

因此，设计一套有效的风险评估机制，不仅需要深入分析系统的技术层面，还应从业务需求、现有控制措施等多个维度进行综合考虑。只有如此，才能确保系统在高效运行的同时，保障其安全性和可靠性。

（一）系统特点分析

1. 多节点与集中管理架构的复杂性

复杂电力信息系统采用多节点分布式架构，通过云计算平台和集中管理中心实现统一调度与控制。这种架构的核心特征在于系统的分布式部署与集中式管理。各业务模块、应用系统及数据处理节点可能分布于不同地区或云平台，而所有节点的调度、资源管理、数据同步及访问控制则由一个集中化的管理平台统一进行。

这种架构的复杂性主要体现在：

（1）节点间的协同管理与数据一致性：在多节点架构下，如何确保各节点之间的数据同步、业务流程的一致性与实时性是系统设计中的关键挑战。尤其是在面对网络延迟、节点故障或节点间不同步的情况下，如何保证系统的容错性和高可用性，成为需关注的核心问题之一。

（2）复杂的数据流和资源调度：随着系统规模的不断扩展和不同节点间的协同作用，数据流动的复杂性也显著增加。在多个节点之间高效地进行计算、存储和网络资源的管理与调度，并同时保证数据的高可用性与一致性，是架构复杂性的重要体现。

2. 技术层面的融合与挑战

复杂电力信息系统广泛应用云计算、大数据、物联网、人工智能等新兴技术。这些技术在提升系统智能化和自动化水平的同时，也带来了诸多新挑战。

（1）云计算与弹性扩展：云计算平台使电力信息系统能够根据实时需求进行资源的动态扩展。系统需具备一定的弹性，能够根据业务负载的变化进行快速的扩展和收缩。然而，云平台在安全性、服务质量保障及资源隔离等方面面临的挑战，需在风险评估中给予关注。

（2）大数据与实时分析：电力信息系统中产生的大量数据来自用户端、设备端、传感器以及调度系统。借助大数据技术，系统能够实现实时数据处理、分析与决策，从而提升其处理能力。然而，大数据技术的应用也带来了数据隐私、数据泄露等潜在风险，需在评估中加以重点考虑。

（3）物联网设备与安全管理：大量的传感器、智能设备和终端用户设备通过物联网技术接入电力信息系统，这为系统带来了更广泛的监控和控制能力。然而，这些设备的接入也使系统暴露于更多的安全威胁，包括设备劫持、数据传输窃取等风险。

（4）人工智能与智能决策支持：人工智能技术在电力信息系统中可应用于负荷预测、设备故障诊断和优化调度等方面，大大提升系统的智能决策支持能力。然而，人工智能算法模型的复杂性较高，如何确保模型的准确性、透明性，并避免出现偏见或错误，是该技术应用中的重要挑战。

（二）需求分析框架

在进行风险评估时，需要从多个维度进行分析，确保覆盖所有关键因素。需求分析框架主要包括以下几个方面：

1. 业务需求分析

业务需求是电力信息系统的核心内容，风险评估机制的设计与实施需要充分了解和深入分析各个业务模块的具体需求，以确保能够识别并有效管理在系统运行过程中可能面临的各类风险。电力信息系统的业务需求通常涵盖以下几个主要方面：

（1）系统的稳定性与高可用性：电力信息系统需要在复杂的多节点架构中具备高可用性，以确保各项业务的连续性和稳定性。无论系统所承载的具体功能如何，均要求在任何单点故障或节点失效的情况下，能够迅速恢复并维持系统的正常运行，避免因单点故障导致系统整体性能的下降或服务中断。

因此，高可用性不仅是系统设计中的基本要求，也是保障电力信息系统在实际运行中持续稳定运行的核心要素。

（2）数据的实时性与准确性：在电力信息系统中，数据的实时性和准确性对系统的有效运行至关重要。系统需要能够实时采集、传输和处理来自各个端点的数据，包括但不限于用户端、传感器、监控设备等多种来源。实时数据的处理能力直接关系到系统的安全性、稳定性和运行效率。

（3）系统的智能化与自动化：随着人工智能、大数据、物联网等新兴技术的快速发展，电力信息系统的智能化与自动化水平不断提高。复杂电力信息系统不仅要求具备基础的数据采集与处理能力，还需具备高度的智能化决策支持能力。智能化的应用不仅能够提升系统的效率和准确性，还能显著优化资源配置和运行成本。但随之而来的业务需求的复杂性，也对系统的处理能力和决策能力提出了更高的要求。

2. 技术需求分析

技术需求分析是确保电力信息系统稳定、高效、安全运行的关键环节，主要从系统架构、技术应用和整体系统性能等方面进行全面探讨：

（1）分布式架构与资源管理：由于系统采用多节点分布式架构，资源的有效管理至关重要。需要确保各节点之间的数据同步、资源调度和故障恢复机制的设计能够应对系统运行过程中大规模负载变化的挑战。系统应具备灵活的资源调配能力，确保在不同业务需求和负载波动的情况下，各节点能够协同工作，保障整体系统的高效性与稳定性。

（2）安全性设计与防护措施：系统需要具备强大的安全防护能力，尤其在数据传输、数据存储以及设备接入等方面。必须采取多层次的安全防护措施，确保系统能够有效防范内部和外部的各种安全威胁，包括网络攻击、数据泄露、未经授权的设备接入等。安全设计不仅要考虑数据的保密性和完整性，还要确保系统的可用性，以防止由于安全事件导致的服务中断或数据丢失。

（3）大数据存储与处理能力：随着电力信息系统中数据量的急剧增加，系统需要具备强大的数据存储和处理能力，能够对海量数据进行高效的实时分析、存储和挖掘。为了确保数据的准确性和时效性，系统应能够支持高效的分布式存储和并行计算，同时具备良好的数据访问和管理机制，以保证在大规模数据环境下的高效运行。

（三）风险背景与现状分析

1. 历史风险事件分析

通过对电力信息系统历史上发生的风险事件进行深入分析，可以为当前系统的风险评估提供宝贵的经验教训。例如，过去的系统可能曾遭遇过网络攻击、数据泄露或设备故障等问题。通过分析这些事件的根源，有助于识别现有系统中的潜在弱点，并为进一步完善风险防控措施提供依据。这种回顾性分析不仅能够揭示系统设计和运行中的不足，还能为优化现有风险管理策略、加强安全防护能力提供切实的指导。

2. 现有风险管理措施评估

当前的电力信息系统可能已实施了部分风险管理措施，但随着技术的不断发展和系统规模的日益扩大，现有措施可能无法充分应对新兴风险。因此，评估现有风险管理措施的有效性，并识别其中的不足之处，是完善风险评估机制的关键步骤。通过对现有措施的全面审视和分析，可以为进一步优化风险管理体系、提升应对新兴风险的能力奠定坚实基础。

3. 新兴风险识别

随着云计算、大数据、物联网和人工智能等技术的广泛应用，电力信息系统所面临的新兴风险日益复杂。例如，人工智能算法可能存在的偏见问题、物联网设备的安全性漏洞等，都是传统风险管理体系未能充分覆盖的新型风险。识别这些新兴风险并为其设计相应的应对措施，已成为复杂电力信息系统风险评估的关键任务。

（四）系统运行环境与外部依赖分析

复杂电力信息系统并非独立存在，其运行往往依赖于多个外部环境因素和资源平台。有效的风险评估应全面识别并评估这些外部依赖，确保系统能够在复杂多变的外部环境中持续稳定运行。通过对外部环境的详细分析，能够识别潜在的风险源，并为系统的稳健性和适应性提供保障，以应对外部变化对系统可能产生的影响。

1. 外部技术依赖风险

复杂电力信息系统在运行过程中广泛依赖于第三方云平台、大数据平台及外部通信网络等技术资源。这些外部平台的可用性、安全性和可靠性对系统的整体稳定性具有直接影响。例如，云服务的中断、数据泄露或外部通信网络的故障等问题，可能对系统的安全性、数据完整性及服务可用性造成严重威胁。因此，在进行风险评估时，必须关注外部技术服务的依赖风险，全面识别和评估潜在的外部风险因素，确保系统能够及时应对外部环境的变化，保障系统在复杂的外部条件下持续稳定、安全地运行。

2. 供应链与合作伙伴风险

电力信息系统通常涉及多个硬件、软件供应商及外部服务提供商的协同合作。供应链中的任何不确定因素，尤其是关键技术的供应中断或质量问题，都可能对系统的正常运行产生重大影响。例如，智能设备供应商可能面临安全漏洞或软件更新延迟的风险，这些问题可能进一步影响到系统的安全性和稳定性。因此，在进行风险管理时，需重点评估供应链中潜在的风险，特别是在核心硬件和技术供应商的选择上，要确保其具备稳定的交付能力和高质量的技术支持，以减少对系统运营的潜在负面影响。

3. 法律与合规性风险

随着电力信息系统技术的快速发展，特别是在数据隐私和安全要求不断提高的背景下，合规性问题已成为系统风险管理的核心之一。合规性风险评估不仅涵盖数据存储和传输的合规性，还需要对政策法规的变化进行持续跟踪，并采取及时有效的应对措施，以确保系统在不断变化的法律环境中始终保持合规性，降低潜在合规风险。

二、风险要素关系

在复杂电力信息系统运行中，风险管理是确保系统安全稳定运行的关键环节。随着技术的不断进步和应用环境的日益复杂，传统的风险评估机制逐渐暴露其局限性，其通常侧重于对单一因素的分析，忽视了多维度风险因素之间的耦合关系。这种单一维度的评估方式已无法全面、准确地识别和应对系统中潜在的复杂风险。尤其是在云计算、大数据、物联网和人工智能等新兴技术广泛应用的背景下，复杂电力信息系统的风险源变得更加多样化和难以预测，传统的风险管理方法在应对这些新型挑战时显得力不从心。

本质安全理念强调通过系统化的识别、分析和控制潜在的危险源，以消除或最大程度地减少风险，从而确保系统的安全性。该理念基于"预防为主"的原则，强调从源头上消除隐患和控制风险。在复杂电力信息系统运行场景中，根据本质安全理念，风险因素可从"人、物、环、管"四个维度进行全面的综合分析和评估。具体而言，"人"维度风险主要指系统操作人员的行为及其在操作过程中可能带来的风险，包括人为错误、操作不当等；"物"维度风险涵盖设备老化、故障以及软件安全漏洞等潜在风险；"环"维度风险涉及系统运行环境因素，如网络环境、物理环境等对系统的影响；"管"维度风险则涉及管理体制、流程规范等管理层面的风险，如流程不规范、运行保障措施不到位等。

通过识别并分析这些维度之间的内在关系，可以更全面地了解不同风险要素之间的相互作用及其可能引发的连锁反应。这种全面系统的风险评估方式，使得风险管理不仅能够在单一维度上做出判断，更能从整体上把握各类风险之间的耦合效应，提供更加准确的风险应对措施。特别是在多技术融合、环境变化复杂的背景下，只有通过这种多维度、综合性的风险评估机制，才能有效识别潜在的安全隐患并及时采取应对措施，确保复杂电力信息系统在多变的运行环境中持续、稳定地运作。

进一步地，完善的风险评估机制能够显著提升风险识别的准确性和应对的及时性，增强复杂电力信息系统在面对突发事件时的灵活性和适应性，最终实现系统的长期可靠运行。

（一）风险要素维度：人、物、环、管

本质安全理念通常以"人、物、环、管"四个维度综合考虑和管理风险，具体如下。

（1）人的因素：涵盖所有参与系统运行、管理和维护的人员，其风险意识、岗位技能、操作行为等表现可对信息系统运行状态及风险水平有直接影响，是风险的主动触发源。

（2）物的因素：指支撑复杂电力信息系统运行的组件，包括服务器设备、数据库、中间件等，是信息系统正常运作的技术保障。其稳定性和性能可直接决定信息系统的可用性、可靠性和安全性，是风险的核心载体。

（3）环境的因素：指支撑信息系统运行的环境，包括网络环境、物理环境等，为信息系统提供运行所需的外部条件。其为系统支撑组件的正常运作及维护提供必要的基础保障，是信息系统稳定性的外部依赖因素，是风险的外部诱因。

（4）管理的因素：指支撑信息系统运行的管理保障，为信息系统的运行提供制度性保障和标准化流程。管理层面如存在信息系统运行管理制度不完善、流程设计不合理等问题，可导致系统在操作维护中出现错漏，进而成为引发或放大系统运行风险的主因之一，是风险的潜在触发点。

（二）人与物的相互关系

在复杂电力信息系统的运行中，参与系统运行、管理和维护的人员与支撑信息系统运行的组件之间呈相互依存的关系。操作人员的行为直接影响组件的正常运行，而组件的状态和性能也会反作用于人员的操作行为。人和物之间的互动主要体现在组件的操作及维护过程中，操作人员的判断和决策对组件的稳定运行发挥着至关重要的作用。

操作人员的失误可能直接引发支撑组件故障，从而影响系统的整体稳定性。在高压和高风险的工作环境中，操作人员必须做出快速而准确的决策。然而，支撑组件的复杂性与工作环境的多变性，使得操作失误的发生概率上升。例如，在支撑组件维护或调整过程中，若操作人员未严格遵循操作规程，或因经验不足未能准确判断支撑组件状态，便可能导致系统发生故障。如错误接线或未及时识别支撑组件潜在故障的迹象，均可能对支撑组件造成进一步损害，甚至引发大范围的系统崩溃。

操作人员在支撑组件故障时的决策能力同样至关重要。支撑组件发生故障时，操作人员的反应速度、应急处理能力和决策的准确性直接影响故障蔓延的程度。如果操作人员未能及时识别支撑组件故障的根本原因，或在判断故障严重性时出现偏差，可能错失最佳的处理时机，导致故障扩展并引发灾难性的后果。例如，在支撑组件初期故障时，若操作人员未采取及时的紧急停机措施，继续运行支撑组件，将可能导致系统运行中断或崩溃。

支撑组件的技术缺陷或设计不合理也可能对操作人员的判断产生不利影响。当支撑组件性能不足或存在潜在运行隐患时，操作人员可能未能及时获得准确的反馈信息，进而影响其决策和操作。例如，一些电力信息系统若缺乏充分的监测与预警机制，操作人员可能无法及时识别支撑组件故障或异常，导致其做出错误判断。系统的复杂性和不稳定性，特别是在高负荷、突发事件等情况下，更可能加剧操作人员的判断失误，造成不可逆转的损失。

操作人员与支撑组件的关系不仅仅是操作与支撑组件之间的单向影响，

而是一个复杂的双向互动过程。操作人员需要具备充分的支撑组件知识，熟悉操作规程，并能够在复杂、突发的情况下做出快速、准确的反应。同时，支撑组件的设计、维护和管理应充分考虑操作人员的实际需求，为其提供充足的操作指引和安全保障，以确保支撑组件在各种工作环境中能够稳定运行。

（三）人与环境的相互关系

在复杂电力信息系统运行时，人员决策不仅受到内部操作环境的影响，还深受外部环境因素的作用。外部环境因素包括网络环境、物理环境等，这些因素可能导致操作人员决策的偏差，从而引发系统风险。人员决策的正确性直接关系到复杂电力信息系统的稳定性与安全性，因此，理解外部环境对人员决策的影响至关重要，且是预防和控制系统风险的关键所在。

网络环境的变化对操作人员决策产生深远影响。在复杂电力信息系统运行过程中，数据的实时传输与处理发挥至关重要的作用。网络的不稳定或中断可能导致信息滞后或丢失，进而影响操作人员对系统状态的判断。例如，若网络出现故障，若网络出现故障，操作人员可能无法及时获取支撑组件状态信息或无法与其他关键系统进行有效通讯，导致错误判断和不当操作。网络环境的不稳定性可能引发数据传输延迟，进而影响对系统整体状态的实时监控，尤其在应急响应过程中，操作人员对支撑组件运行状态的判断高度依赖于网络的稳定性，任何网络问题都可能导致决策失误。

物理环境的变化同样是影响人员决策的重要因素。电力信息系统的运行不仅受到温度、湿度等物理环境因素的影响，还与网络带宽等环境条件密切相关。系统的稳定性可能因为环境因素的波动而受到挑战，例如，支撑组件的运行温度过高可能导致系统响应延迟，或因长期高负荷运行而出现性能衰退。在这些情境下，如果操作人员缺乏足够的经验或应对预案，将容易做出不恰当的决策，进一步加剧系统风险。

若操作人员未能根据物理环境的变化做出适当的调整，可能会导致支撑组件运行效率下降、网络响应缓慢，甚至出现系统故障。这种情况下，操作人员的决策失误不仅会影响系统的实时响应能力，还可能加剧系统运行中的风险，增加支撑组件维护成本，甚至导致电力信息系统的运行不稳定。因此，操作人员需要具备对物理环境变化的敏感度，并能在不同环境条件下做出迅速且准确的决策。

外部环境变化对人员决策的影响不可忽视。操作人员应高度关注外部环境变化，实时调整决策依据和操作策略，以降低由外部因素引发的风险。

（四）物与环境的相互关系

在复杂电力信息系统运行时，支撑组件与环境之间存在密切的相互关系。支撑组件的稳定性和性能直接受到网络环境和物理环境的影响，而支撑组件的状态又决定了系统应对这些环境变化的能力。在面临网络不稳定或物理环境变化时，支撑组件的运行能力和适应性直接影响系统的整体稳定性。

网络环境的变化对支撑组件运行的影响重大。实时数据的传输和处理是复杂电力信息系统顺畅运作的核心，因此，网络的稳定性对于支撑组件的有效运行具有重要作用。若网络出现故障或不稳定，可能导致数据传输延迟或丢失，进而影响支撑组件的状态监控和操作指令的传达。例如，网络的中断可能使得操作人员无法及时获取支撑组件的运行状态信息，导致支撑组件管理失误。网络带宽不足或高延迟也可能导致支撑组件响应速度减慢，影响复杂电力信息系统的实时性和效率。

物理环境的变化同样对支撑组件的运行产生直接影响。支撑组件的性能通常受到温度、湿度等物理环境因素的制约。极端的温度变化可能导致支撑组件出现过载或损坏的风险，特别是在高温或低温环境下，支撑组件可能无法正常运行或遭遇故障。此外，湿度过高可能导致支撑组件的电子部件短路或腐蚀，而电力负荷的波动也可能使支撑组件超负荷运行，增加故障发生的几率。在这种情况下，支撑组件的性能若不能有效应对物理环境的变化，系统稳定性将受到威胁，甚至可能导致大范围的系统故障。

反之，支撑组件的性能不足或故障也可能导致系统对环境变化的应对能力下降。例如，如果某些支撑组件缺乏足够的抗干扰能力或故障恢复机制，面对突发的网络不稳定或物理环境变化时，可能无法及时做出反应，进一步加剧系统的风险。支撑组件的技术缺陷或老化也会降低其在恶劣环境条件下的适应性，从而影响系统的正常运行。

支撑组件与网络环境、物理环境之间的相互关系在复杂电力信息系统风险评估中具有重要意义。在支撑组件维护过程中，必须充分考虑这些环境因素的影响，确保支撑组件能够在变化的网络环境和复杂的物理环境下稳定运行。这不仅有助于提高系统的可靠性，还能有效降低外部环境变化带来的系统风险。

（五）管理与人、物、环境的相互关系

在复杂电力信息系统运行时，管理决策对系统稳定性和风险管理至关重要。管理决策不仅负责操作人员调配、系统支撑组件选择和维护，还决定系统如何应对外部环境变化。管理决策的失误可能导致多个方面的系统风险，包括操作流程的不规范、支撑组件维护不足、外部环境变化应对不足等，从而放大系统运行中的潜在风险，最终可能导致不可预见的后果。

管理决策对人员的影响极为关键。管理决策决定了操作人员的职责分配、培训内容和应急响应机制，也直接影响操作人员的行为和决策方式。若管理决策存在疏漏，操作人员可能未能及时获得必要的培训，或者未能充分理解系统的风险管理要求。例如，若管理未重视操作人员的技能培训或应急能力，操作人员在面对复杂问题时可能缺乏足够的应对能力，从而导致操作失误。这种失误直接影响支撑组件运行，甚至可能引发系统级的故障。

管理决策对支撑组件管理的影响同样不可忽视。管理负责支撑组件的维护管理、备件更换和性能监控等关键决策。支撑组件在复杂电力信息系统中的稳定性和可靠性直接影响到系统的安全稳定运行。如果未能确保支撑组件的定期维护与更新，或者忽视对支撑组件状态的监控，支撑组件老化和故障率的增加将成为系统风险的重要诱因。例如，未能及时发现并替换老化支撑

组件，或忽视支撑组件故障预警，可能导致支撑组件在实际运行中出现问题，进而影响系统的稳定性，甚至引发系统级故障。在这种情况下，支撑组件未能得到有效管理和及时维护，可能导致性能不足、无法适应系统需求等情况，从而增加系统崩溃的风险。

此外，管理决策对外部环境变化的应对也起着关键作用。复杂电力信息系统面临的外部环境变化包括网络环境和物理环境的变化等，这些因素可能直接影响系统的稳定性。网络环境的变化可能引发数据传输延迟、信息丢失或系统不稳定，进而影响系统的实时监控和应急响应能力。物理环境的变化，如温度、湿度、气压等因素，可能对支撑组件的运行产生影响，导致系统性能下降或支撑组件故障。如果管理层面未能及时获取相关环境信息并作出适当的响应，系统可能因未能及时适应外部环境的变化而面临运行风险。

管理决策失误也可能导致系统要素之间协调性不足，从而放大系统风险。例如，若管理未能有效整合操作人员、支撑组件和外部环境之间的相互关系，系统中各要素的协调与配合将受到影响。操作人员可能在缺乏支持的情况下做出错误判断，支撑组件管理与维护可能因为管理失误而未能达到预期效果，外部环境变化也可能被忽视或未能及时响应。随着风险在系统中的逐步积累，这些缺失的协调将最终导致整体风险的爆发。

管理决策在复杂电力信息系统的风险管理中起着重要作用，其中涉及操作人员管理、支撑组件维护、外部环境适应等多个方面。有效的管理决策通过合理分配资源、优化操作流程、加强支撑组件管理和更新，以及及时应对外部环境变化，能够最大程度地减少系统风险的发生。而管理决策的失误或滞后则可能成为放大系统风险的因素，导致人员操作、支撑组件故障和外部环境变化等多个风险相互叠加，最终威胁系统的正常运行。

三、风险计算

随着电力信息系统的复杂度及智能化水平的不断提升，风险管理逐渐成为其运维的核心组成部分。为有效应对复杂电力信息系统所面临的各类风险，构建科学、合理的风险计算方法尤为重要。

在复杂电力信息系统的风险计算中，常见的风险评估维度可以从四个方面进行划分：人因风险、物因风险、环境风险、管理风险。所有维度的风险计算均采用统一的方法，即通过风险发生概率与风险发生可能性的乘积来量化风险。这种计算方式确保了风险评估的一致性，并能够综合考虑各维度之间的相互关系与影响。

以下将探讨各风险维度的计算方法，最终得出系统的总风险值，为决策者提供可靠的风险评估依据。

（一）风险计算维度划分

复杂电力信息系统的风险来源复杂且多样，主要可划分为以下四个维度。

（1）人因风险：指由系统操作人员的行为或决策所引发的风险。这类风险通常与操作人员的技能水平、经验积累、操作规范等因素密切相关。

（2）物因风险：指由系统支撑组件的故障、老化或技术缺陷所引发的风险。这类风险通常表现为支撑组件的性能衰退、硬件损坏或基础设施无法适应系统负荷的变化等。

（3）环境风险：指外部环境因素（如网络环境、物理环境等）对复杂电力信息系统运行造成的潜在威胁。环境风险包括网络不稳定、通信链路故障、机房环境极端等，这些因素可能会导致数据传输中断、支撑组件超负荷运行或物理损害，从而影响电力信息系统的正常运行。

（4）管理风险：指由于管理制度不完善、缺乏有效监督与评估机制等问题所导致的风险。管理决策对系统的稳定性、设备的选型与维护、人员的培训与配置等方面具有重要影响。不当的管理决策或缺乏前瞻性的管理措施可能导致资源配置不合理、应急响应迟缓或操作流程不规范，从而增加系统的运行时风险。

　　各维度风险均采用风险发生概率与风险影响程度相乘的计算方法量化各类风险的严重程度。对于所有风险维度,我们通过考虑风险事件发生的概率以及其可能带来的后果,确保能够全面反映系统在不同情境下的潜在风险。这种统一的计算方式能够灵活应对各种变化因素,并为系统的整体风险评估提供可靠依据。

(二)各维度风险计算方法

　　人、物、环、管四个维度的风险计算方式是通过综合考虑复杂电力信息系统中的各类潜在风险来源,以风险发生概率与风险影响程度的乘积来量化风险的严重性。该方法的形成基于对系统风险来源的全面分析和定量建模,旨在通过系统化的手段识别、评估并控制各类风险,从而保障电力信息系统的安全性与稳定性。

　　这四个维度的风险计算方式属于定量分析方式,对每个维度的风险因素进行独立评估,计算其风险发生的概率(P)以及风险造成影响(I)。具体的计算方式是将风险发生概率与风险影响程度相乘,得到各维度单项风险值。

　　(1)单项"人"维度风险计算公式如公式(3-1):

$$P_{ri} = P \times I \qquad (3\text{-}1)$$

　　(2)单项"物"维度风险计算公式如公式(3-2):

$$C_{ri} = P \times I \qquad (3\text{-}2)$$

　　(3)单项"环"维度风险计算公式如公式(3-3):

$$E_{ri} = P \times I \qquad (3\text{-}3)$$

　　(4)单项"管"维度风险计算公式如公式(3-4):

$$M_{ri} = P \times I \qquad (3\text{-}4)$$

　　这种基于概率和影响程度的风险计算方式,能够全面而清晰地反映不同维度风险的相对重要性,帮助决策者在资源分配、风险控制和应急响应等方面做出科学合理的决策。

（三）风险计算的权重系数

1. 人、物、环、管维度风险权重系数

在复杂电力信息系统运行过程中，风险来源繁杂且具有高度的不确定性。因此，为了科学、准确地量化系统的整体风险，需要依据系统的实际需求和风险管理目标，合理确定各风险维度的权重系数。风险权重系数的确定旨在为系统的风险评估提供可靠依据，帮助决策者识别各类风险的相对重要性，并据此制定有效的应对措施。

人因风险源于系统操作人员的行为失误、操作不当等因素。由于人为因素具备高度随机性和不可预测性，操作人员的心理状态、情绪变化、工作压力以及其在特定操作下的临场反应都可能导致错误操作发生。尽管可以通过培训宣贯、经验积累和规范操作等方式来减少失误的发生概率，但依然无法完全消除这种随机性。该风险一旦发生，往往可以迅速波及到系统运行的多个层面，且这种影响通常是即时的，如果在系统冗余设计缺乏、操作规程不规范的情况下，系统核心功能将可能遭到直接破坏等严重后果。

系统支撑组件风险主要由硬件故障、技术缺陷或组件老化等因素引发。与人因风险不同，虽然通过冗余设计、备份方案、定期巡检维护可以有效降低支撑组件故障的发生概率，但在复杂的多节点系统中，支撑组件故障不再是孤立事件，而可能引发其他相关支撑组件的故障，进而形成连锁反应。多节点系统中的支撑组件间相互依赖，一旦出现故障，往往会引发更广泛的影响。支撑组件风险中尤其是支撑组件故障、硬件损坏等风险，对系统的影响范围非常广泛，不仅可能影响到故障节点本身，还可能引发其他节点的崩溃，导致全局性影响。且其对系统运行的影响几乎是立即产生的，尤其是在没有足够冗余机制的情况下，并可导致系统服务不可用、数据丢失或崩溃等严重后果。

环境风险主要来源于外部因素的不确定性。网络攻击、自然灾害等通常

是突发事件，难以提前预见和控制。虽然这类风险并非像系统支撑组件故障那样直接影响系统的核心功能，但如果系统设计没有足够的冗余，局部故障可能会扩展为全局性故障，影响整个系统的稳定性。此外，环境风险发生速度会根据具体情况有所不同。例如，网络攻击和自然灾害等风险通常会提前有一定的预警或迹象，能够提供时间来做出响应，因此影响速度相对较慢。但一些突发事件（如电力中断）可能没有明显的前兆，发生时影响迅速且直接，通常需要尽快采取应对措施。

管理风险相比人员个体行为而言，是较为系统化和组织化的，但仍受到许多外部和内部因素的影响，如信息不对称、管理决策风格、外部环境变化、突发情况应对等。管理决策的错误往往源自对信息的误判或外部环境的忽视，这使得管理风险具有一定的不确定性。尽管存在一定的管理规范和流程，但由于外部环境和人力资源的复杂性，管理风险难以完全避免。管理层面的失误通常不直接导致系统功能崩溃，但会间接削弱系统的恢复能力，影响运维效率，造成停机、服务中断等问题，甚至使系统长期处于不稳定状态。管理方面的问题，如决策失误、应急响应滞后等，可能在短期内看似无关紧要，但如果长时间得不到修正，可能会对系统的长期运行造成重大隐患。

根据上述各维度的分析，我们可以确定各风险维度的权重系数。权重系数的确定考虑了各维度风险的不确定性程度、影响程度以及对系统运行的潜在威胁，具体为：人因风险权重系数（w_P）定为 30%，物因风险权重系数（w_C）定为 35%，环境风险权重系数（w_E）定为 15%，管因风险权重系数（w_M）定为 20%。

2. 保障时期风险系数

保障时期风险系数（G）反映了特定保障时期（如重大活动等）管理措施的加强程度，根据保障级别从特级保供电到一般时期的不同，"管"维度风险分别乘以不同系数。

3. 可靠性能力系数

根据是否有替代方案，给设备赋予不同的可靠性能力系数（r），帮助判断和评估不同设备在复杂电力信息系统中的重要性。设备的权重等级越高，意味着其故障对系统的影响越大；同时，是否有替代方案也会影响其在故障发生时的影响程度。

如果核心设备发生故障，将导致信息系统中其他大部分设备的瘫痪，从而影响整个系统的正常运行。在这种情况下，该设备的故障对系统的影响最为严重，应为高权重，如无替代方案，其权重分数为 2，如有替代方案，其权重分数为 1.5。

如果重要设备发生故障，虽然这些设备的故障会对系统多个部分产生重要影响，但不会造成系统整体的完全瘫痪，影响范围和严重性次于高权重设备。如无替代方案，故障将对多个系统部分产生较大影响，其权重分数为 1.5，如有替代方案，故障后的影响会有所缓解，权重分数为 1.2。

如果次要设备发生故障，只会影响系统的局部功能，不会对整体系统运行产生显著影响。因此，它们对系统的影响较小，权重最低。即使该设备没有替代方案，故障只会影响系统的某些局部功能，不会影响整体运行，因此权重分数为 0.8。如果该设备有替代方案，系统可以通过其他设备或功能恢复正常运行，权重分数为 0.5。

（四）总风险值计算公式

基于以上的风险计算方法和权重系数设定，可以得出复杂电力信息系统的总风险值计算公式：

$$R = P_r \times w_P + C_r \times w_C + E_r \times w_E + M_r \times w_M \qquad (3\text{-}5)$$

式中：

R——复杂电力信息系统运行风险；

P_r——"人"维度风险；

C_r——"物"维度风险；

E_r——"环"维度风险；

M_r——"管"维度风险；

w_P——人员风险的权重系数；

w_C——系统支撑组件风险的权重系数；

w_E——环境风险的权重系数；

w_M——管理风险的权重系数。

四、风险评估流程

在复杂电力信息系统运行管理过程中，风险评估是确保系统稳定性与安全性的重要手段。然而，电力信息系统的复杂性及其多变的运行环境要求风险评估基于科学的流程，以实现有效的风险识别、分析与控制。为了构建适应复杂电力信息系统的风险评估流程，本研究对各阶段的实际需求和流程的合理性进行了深入分析，最终确定了一个分步骤的评估流程，涵盖评估准备、风险识别、风险分析、风险评价和风险控制五个关键环节。

在具体研究过程中，逐步探讨并明确了各步骤在风险评估中的功能定位与作用，确保了流程的系统性与可操作性。接下来，将详细阐述各阶段的确定过程及其在风险管理流程中的功能合理性。

（一）传统风险评估流程状况

在实际操作中，传统的风险评估流程常表现出以下不足之处，这些不足在很大程度上影响了评估结果的科学性和有效性。

（1）准备工作不充分：在传统的风险评估过程中，数据收集和团队组建往往存在不全面的情况。数据收集通常局限于历史数据和静态信息，未能充分考虑到系统运行中动态变化的因素。此外，评估团队在组建时，可能未能充分考虑到所涉及的各领域，导致在风险识别过程中无法全面覆盖所有潜在的风险点。这种准备工作不充分，直接影响了风险评估的准确性和全面性。

（2）风险识别不全面：传统的风险识别方法多依赖静态数据和历史案例，这使得其难以有效应对系统环境中动态变化的风险因素。例如，在面对快速发展的技术变革或外部环境的剧烈变化时，传统方法未必能及时捕捉到潜在的新兴风险。这样，许多潜在的风险未能被及时识别，增加了系统的脆弱性。

（3）风险分析手段单一：传统风险评估中，风险分析手段主要依赖定值计算和概率计算，但这些方法往往忽视了风险的不确定性和多维度影响。例如，定值计算往往基于假设条件进行推演，而忽略了实际操作中的变化因素。缺乏对不确定性、模糊性及多因素综合影响的分析，导致风险分析结果局限，无法全面反映系统面临的复杂风险环境。

基于对这些不足的深入分析，我们逐步构建并优化了一个新的风险评估流程。该流程将整个风险评估过程细分为五个关键阶段，分别是评估准备、风险识别、风险分析、风险评价和风险控制。这一新的流程不仅确保了评估工作的科学性和系统性，还强调了各个阶段之间的内在联系和相互依赖。每个阶段都有其独特的作用和功能，并通过动态调整和反馈机制确保评估结果的时效性与准确性。通过这一优化流程，能够更好应对电力信息系统复杂多变的运行环境，从而实现对系统风险的全面、准确和持续监控与管理。

（二）流程确定思路

在复杂电力信息系统的风险管理过程中，系统支撑组件故障、人员操作失误、环境干扰和管理疏漏等不同风险因素，可能对系统产生多层次、多维度的影响。因此，实施系统化的风险评估流程，能够有效识别并量化这些风险，为后续的风险管理决策提供科学依据。

制定风险评估流程时，必须充分考虑系统的实际特点和需求，并确保符合风险管理的基本原理。为确保评估流程的科学性，本研究在设计流程时考虑了以下几个核心思路。

（1）系统性与全面性：风险评估流程应全面涵盖复杂电力信息系统中可能出现的各种潜在风险，确保对所有风险因素进行充分识别和有效控制。

（2）层次性与逻辑性：评估流程应具备清晰的层次结构，确保每个阶段的任务相互衔接、层层递进。这种设计有助于逐步深入分析各类风险，并在最终实现科学控制的目标。

（3）可操作性与有效性：流程设计应紧密结合实际操作需求，确保各阶段的执行能够产生切实可行的结果，从而提升风险评估的高效性和实用价值。

基于以上设计思路，本研究通过对各个阶段需求和功能的分析，逐步构建并确定了五个主要步骤：评估准备、风险识别、风险分析、风险评价和风险控制。接下来，将逐一分析这些步骤在风险评估流程中的合理性与实际意义。

（三）评估准备

1. 研究过程

在风险评估的初始阶段，充分的准备工作是确保评估流程顺利进行的前提。传统流程中数据收集和团队组建存在局限，缺乏全面的数据来源，难以获取实时数据，使得评估准备工作相对简单，导致后续风险识别和分析阶段的依据不够充分。在团队建设方面，评估团队的专业化水平往往不足，缺乏多方面的技术支持，难以应对复杂且多变的风险因素。例如，评估团队可能缺少对特定技术或业务领域的深入了解，导致在面对系统复杂性和多样化风险时，难以全面识别和有效评估潜在风险。

电力信息系统的风险评估准备阶段，旨在通过收集必要的数据、明确评估目标、组建合适的评估团队以及制订详细的评估计划，为后续评估工作提供数据支持和操作保障。以下是该阶段的关键内容。

（1）数据收集：复杂电力信息系统的风险评估需要广泛的数据支撑，包括系统运行数据、设备状态、历史故障记录、操作日志以及环境信息等。数据的充分性和准确性直接影响风险识别的准确度，因此，数据收集是风险评估准备阶段的必要工作之一。

（2）明确评估目标和范围：复杂电力信息系统的风险评估可能是针对某个特定子系统的风险分析，也可能是针对整个系统的综合评估。因此，在评估工作开展之前，需要明确具体的评估目标和评估范围，以便集中资源、聚焦关键风险因素，并确保评估的针对性和有效性。

（3）组建评估团队：鉴于复杂电力信息系统的复杂性，评估团队的组建需要涵盖多个专业领域。评估团队应包含多专业领域人员，确保评估工作的全面性和深入性。跨专业的团队协作能够有效应对复杂的风险问题，提升评估结果的准确性与实用性。

（4）制订评估计划：为了确保风险评估工作的有序进行，需制订详细的评估计划。该计划应包括评估的时间安排、使用的评估方法、所需评估工具等内容，旨在为评估过程提供明确的指导框架，确保各项工作按计划执行，并能够有效控制风险评估的进度和质量。

通过上述准备工作，风险评估能够在充分的数据支撑和科学规划的基础上展开，确保后续各阶段的顺利进行并为全面准确的风险识别与控制提供保障。

2. 合理性分析

评估准备阶段的合理性体现在以下几个方面：

（1）数据充分性保障：评估准备阶段通过全面的数据收集和团队组建，为后续的风险识别提供了坚实的基础。数据的完整性和准确性直接影响风险评估的效果，因此，确保收集到全面且高质量的数据至关重要。相关数据包括系统运行数据、组件运行状态、历史故障记录、操作日志等，这些数据为风险评估提供了必要支持，避免了后续工作中可能出现的数据缺失或技术不足的问题。

（2）目标明确性：明确评估目标和范围是确保评估工作方向清晰、重点突出的关键。通过精准界定评估的目标和范围，可以集中资源，确保评估过程聚焦于复杂电力信息系统的核心风险点。这样不仅提高了评估工作的针对性，也能够有效避免资源的浪费。明确的目标和范围为后续的资源配置、数据分析及风险控制措施的制定提供了明确的指导。

（3）计划的可控性：制订详细的评估计划是确保评估过程有序进行的必要保障。评估计划应明确时间安排、评估方法及相关职责等内容，以确保评估工作的系统性和可操作性。合理的计划安排有助于评估工作按既定流程高效开展，同时确保每个阶段的任务和目标得到有效落实，最终提高评估工作的效率和质量。

通过上述准备工作，评估准备阶段为后续的风险识别和分析提供了充足的支撑，确保了评估流程的顺利进行。该阶段为整个风险评估工作奠定了坚实基础，有助于确保后续风险管理措施的科学性和有效性。

（四）风险识别

1. 研究过程

复杂电力信息系统风险来源多种多样，涵盖了操作人员失误、系统支撑组件故障、管理疏漏、外部环境变化等多方面因素。风险识别阶段的主要任务是通过系统化的方法，全面识别潜在的风险源，为后续的风险分析和评估提供准确的依据。

为了确保风险识别过程的全面性与准确性，通常需要综合运用多种识别方法。这些方法可以帮助有效识别电力信息系统中的各类风险，确保各项潜在威胁都能被及时发现。常见的风险识别方法包括以下几种。

（1）专家访谈：通过与系统运维人员、管理人员等关键岗位人员进行深入访谈，获取关于复杂电力信息系统潜在风险的经验性判断与主观意见。专家访谈能够帮助识别那些难以通过其他定量分析手段发现的风险，特别是在操作流程、管理制度、人员培训等方面的潜在隐患。这一方法不仅能够弥补定量数据的不足，还能为识别风险提供重要的定性视角。

（2）检查表法：通过制定标准化的风险检查表，对系统的各个环节进行逐项审查。检查内容包括组件运行状态、操作规范、管理流程、维护记录等。检查表法适用于对已知风险进行系统性排查，确保所有可能的风险源都能得到有效识别。该方法适合用于日常管理和维护中对已知风险的定期检测与评估。

通过结合这些方法，风险识别阶段能够准确识别电力信息系统中的各种风险源及潜在威胁，为后续的风险分析和评价提供充分的数据支持和理论依据。该阶段的科学性和系统性为整个风险评估流程的顺利展开奠定了基础，同时也为制定后续的风险控制措施和应急预案提供了有力的保障。

2. 合理性分析

风险识别的合理性体现在以下几个方面。

（1）识别方法的科学性：通过综合运用多种方法进行风险识别，确保了识别过程的广度与深度。专家访谈为识别提供了主观经验和判断，能够发现那些难以通过定量分析捕捉的潜在风险；而检查表法则通过标准化的检查流程提供了系统化的信息来源，有助于确保所有已知风险被准确识别。通过结合这些方法，风险识别过程得以全面覆盖系统中的各类风险源，保证了风险识别的科学性和准确性。

（2）覆盖全维度：风险识别阶段全面涵盖了复杂电力信息系统中的各个风险维度，包括人员、设备、环境、管理等方面的潜在风险源，确保了系统内的风险因素不被遗漏。通过多维度的分析，可以更全面地识别各类潜在威胁，避免单一维度的盲点，从而提高识别的全面性和有效性。

（3）符合流程逻辑：风险识别是风险评估流程中的关键步骤，为后续的风险量化分析提供了对象和依据。通过系统地识别出所有潜在的风险源，为后续的分析工作提供了明确的方向，确保了后续分析的针对性和精准性。这一阶段的科学设置，使得整个风险评估流程更加符合逻辑，确保了评估结果的可靠性和实用性。

通过对风险识别合理性的分析可以看出，该阶段的设计为整个风险评估流程提供了必要的支撑，确保了评估工作的全面性、科学性和针对性，有助于实现对复杂电力信息系统各类风险的精准识别与分析。

（五）风险分析

1. 研究过程

风险分析的主要任务是对已识别的各类风险因素进行量化和定性评估，具体通过计算风险发生的可能性和可能造成的影响程度，从而得出每项风险的综合风险值，为后续的风险控制和决策提供依据。

在复杂电力信息系统的风险分析过程中，通常采用综合分析的方法，将风险发生的概率与可能产生的后果结合起来进行评估。这包括通过分析系统支撑组件的故障率、环境灾害的发生概率，以及这些事件可能带来的影响，计算出具体的风险值。同时，还需要考虑各风险因素之间的相互关系，以便更准确地评估整体风险。

通过这种综合分析方法，风险分析阶段能够全面评估电力信息系统中各类风险的发生可能性和影响程度，为后续的风险控制和决策提供科学依据。这一阶段的全面性和科学性为整个风险评估流程的顺利实施提供了有力支持，确保了风险管理措施的精准性和针对性。

2. 合理性分析

风险分析阶段的合理性体现在以下几个方面。

（1）方法针对性：在风险分析阶段，采用了综合分析的方法来评估不同类型的风险，确保了分析方法的精准性与适用性。具体来说，风险发生的概率与可能后果的评估相结合，使得每种风险因素都能够根据其特性得到恰当的分析处理。通过这种方法，能够确保不同类型的风险得到全面、合理的量化，进而保证了评估结果的科学性与准确性。

（2）风险相关性考虑：风险分析不仅关注单一风险因素，还注重对各风险因素之间的相互关系进行分析。在复杂电力信息系统中，不同风险因素往往是相互关联的，风险分析阶段通过全面分析各类风险因素及其相互作用，提升了风险评估的全面性和准确性，使得分析结果能够更真实地反映系统可能面临的实际风险情况。

（3）后续决策依据参考：风险分析通过对风险因素的细致评估，帮助识别出潜在的高风险领域，确保在后续的风险评价和控制过程中能够采取更加精准和有效的应对措施。科学的风险分析结果为决策提供了清晰的依据，使得管理层可以在风险控制和资源调配上做出更为合理的决策。这一阶段的工作为整个风险管理流程的顺利推进提供了重要的支撑。

综上所述，风险分析阶段的合理性体现在其方法针对性、风险相关性考虑以及为后续决策提供依据的有效性。通过这些措施，风险评估过程确保了客观性、准确性和全面性，为复杂电力信息系统的风险管理与控制提供了坚实的理论基础和数据支持。

（六）风险评价

1. 研究过程

风险评价阶段是对风险分析的结果进行评估，依据风险值大小确定风险的等级，进而决定哪些风险需要优先处理。在传统风险评价中，分级标准和权重设定通常固定，无法根据外部条件和系统状态进行调整，导致评价结果缺乏弹性，难以适应电力信息系统的实际需求。例如，特定时段或特定负荷状态下的风险等级可能需要更严格的标准，但传统评价难以实时调整。

风险评价需要设立合理的标准，通常包括以下几个方面。

（1）建立评价标准：根据风险值的大小，建立一套科学合理的风险分级标准。一般将风险划分为重大、严重、一般、轻微、极轻五个等级，每一级对应不同的风险容忍度和处理优先级。在电力信息系统中，评价标准可以结合系统的安全性要求、经济损失容忍度、服务影响程度等因素进行设置。例如，对于影响电力信息运行的高风险事件应设定更低的容忍度。

（2）多因素评估：在风险评价中不仅要考量风险的发生概率和后果，还需考虑系统的承受能力和管理者的风险偏好。例如，某些低概率但后果严重的风险事件可能被设定为高风险，以便在管理中加以特别关注；而一些后果较小但频率较高的事件可能被视为低风险，适当控制即可。

（3）设置权重：电力信息系统中的风险种类较多，每个风险维度的权重设定在风险评价中起到关键作用。权重的合理分配能够反映各风险维度在系统整体风险中的相对重要性。权重的设定通常结合历史数据分析和专家意见，以确保各类风险的相对影响符合系统实际。

2. 合理性分析

风险评价阶段的合理性在于其通过对量化风险分析结果的分级和优先排序，提供了后续风险控制的决策依据。具体体现在以下几个方面。

（1）科学性：通过应用分级标准和评价模型，风险评价能够科学、系统地反映各类风险的相对重要性，确保评估结果的客观性和准确性。

（2）多因素综合考虑：风险评价不仅依赖于定量的风险数值，还结合系统的承受能力和管理需求，进行多维度的风险分析，从而使评估结果更具实际操作性和可行性。

（3）资源优化配置：风险分级和优先排序为风险控制提供了明确的依据，使管理者能够聚焦于高风险事件，优先采取措施，有效分配资源，提升风险控制的效率和针对性。

通过以上合理性分析可以看出，风险评价为电力信息系统的风险管理提供了有效的分级管理模式，从而确保风险控制能够精准、有效地实施。

（七）风险控制

1. 研究过程

风险控制是风险评估流程的最终阶段，也是至关重要的一环，其主要任务是根据风险评价的结果，制定并实施相应的控制措施。传统的风险控制措施多为应急性或临时性方案，往往缺乏持续性和动态调整机制，且控制效果的反馈机制不完善，难以及时调整控制策略。此外，传统控制手段通常局限于局部防护，缺少系统性和长期规划。

风险控制应根据不同风险等级制定相应的管理措施，通常可分为以下几种类型。

（1）预防性控制：针对高概率或高风险事件，采取预防性控制措施，以降低风险发生的概率。例如，通过对操作人员进行系统培训、增加系统支撑组件的定期维护和检修等措施，可以有效预防操作失误和组件故障的发生。

（2）减轻性控制：对于低概率但可能导致严重后果的事件，采取减轻性控制措施以减少风险事件带来的影响。在电力信息系统中，减轻性控制措施包括多层次的系统备份、故障冗余设计等，这些措施能够在风险事件发生时有效减少损失。

（3）隔离性控制：通过物理或逻辑隔离高风险区域，将风险的影响限制在特定范围内。例如，电力信息系统中可采用独立的系统分区设计，确保某一区域的故障不会对其他区域的正常运行产生影响。

（4）恢复性控制：为应对不可避免的风险事件，恢复性控制旨在通过快速恢复计划，降低事件发生后的影响。例如，建立备份数据中心、制定灾难恢复方案、实施应急管理演练等措施，可有效缩短系统停机时间，减少经济损失和服务中断的影响。

通过这些多维度的控制措施，电力信息系统能够在各类风险事件发生时，采取有效应对措施，从而保障系统的稳定运行和业务的连续性。

2. 控制措施的实施与责任分配

在风险控制阶段，具体措施的实施和责任分配至关重要。为确保控制措施的有效性，必须采取以下关键步骤。

（1）制定详细的控制方案：根据不同风险类型及相应的控制措施特点，制定详细的执行方案。该方案应包括操作规范、实施步骤、检查流程等，确保每项措施的落实具有明确的执行依据和可操作性。

（2）明确责任分配：为确保控制措施的实施效果，必须明确每项控制措施的责任人和执行部门。各项措施应由专人负责，并具体落实到相关部门或人员，确保责任明确，执行到位。

（3）监控和反馈：在实施风险控制措施后，必须建立及时的监控和反馈机制。对控制措施的实施效果进行定期评估，根据实际情况进行必要的调整和优化，确保措施能够持续有效地应对各类风险。

通过上述步骤的严格执行，能够确保风险控制措施的有效落实，并持续提升风险管理的整体效能。

3. 合理性分析

风险控制的合理性体现在以下几个方面。

（1）分类科学：通过将风险控制措施分为预防性、减轻性、隔离性、恢复性等不同类别，确保风险控制具有针对性。这样可以根据风险的不同类型采取相应的控制措施，从而有效降低各种潜在风险的影响。

（2）操作性强：风险控制措施的实施具有高度的操作性，每项措施都配备了明确的责任人和操作规范，确保控制方案能够得到有效执行，并且便于监督和检查，确保过程中的每个环节都能落实到位。

（3）持续改进机制：通过对控制效果的持续监控和反馈，可以及时发现和解决潜在问题，不断优化和调整控制措施，从而提高风险管理的长期有效性，确保电力信息系统的安全性和稳定性。

风险控制阶段的设计使得整个风险评估流程能够具体落实到实际操作中，确保风险管理措施具有可操作性和实际效果，从而为电力信息系统的安全稳定运行提供有力保障。

（八）流程整体合理性分析

将复杂电力信息系统的风险评估流程分为评估准备、风险识别、风险分析、风险评价和风险控制五个阶段，经过系统研究和逻辑分析，这样的流程设置具有较高的合理性和科学性，能够在实际中有效实施，具体体现在以下几个方面：

1. 流程的全面性和系统性

复杂电力信息系统的风险评估流程全面涵盖了风险评估的所有重要环节，从前期准备到最终控制，形成了一个科学闭环。通过评估准备、识别、分析、评价到控制的五个环节，确保风险评估能够从全面识别到科学控制，使得风险管理流程具有系统性和科学性。

2. 流程的逻辑性和层次性

流程设计遵循了风险管理的逻辑顺序，层层递进，确保各个环节的有序衔接。具体而言，评估准备阶段确保了数据的充分性和资源的有效配置，为后续工作提供了坚实的基础；风险识别阶段则明确了系统中的潜在风险源；风险分析阶段对各类风险进行了量化评估；风险评价阶段对风险进行了优先级分级；最后，风险控制阶段则实施了相应的管理措施。这一系列步骤按照清晰的逻辑顺序进行，为系统的实施与管理提供了系统化的支持。

3. 流程的实际操作性

流程的五个阶段均具有明确的操作步骤和具体的任务要求，确保在实际执行过程中具有可操作性。各阶段的职责划分清晰，任务明确，有效保障了评估过程的执行效率和管理效果。例如，在评估准备阶段，涉及数据收集和团队组建；在风险识别阶段，采用了专家访谈和检查表法；在风险控制阶段，则通过预防性和减轻性措施进行有效管理。这些设计确保了流程的高度可操作性，能够顺利推进风险评估工作。

4. 流程的动态调整性

复杂电力信息系统的风险评估流程具有较强的灵活性。通过周期性地进行风险重新评估和控制措施的反馈机制，该流程能够根据系统状态的变化进行适时调整，从而确保评估流程能够与系统运行环境的变化保持一致，持续保持风险管理的有效性。

（九）流程作用及协同关系

在确定了评估准备、风险识别、风险分析、风险评价和风险控制五个阶段之后，进一步分析各阶段在风险评估中的具体作用及其相互协作关系显得尤为重要。这些阶段的合理配置不仅保证了评估流程的完整性，还提升了流程的实用性和可操作性。

1. 评估准备

评估准备阶段为整个风险评估流程提供了数据、人员和计划保障。其核心任务是确保后续阶段的风险识别、分析和控制能够依赖于可靠的数据支持和明确的目标方向。同时，通过集合多领域团队能力，为应对复杂系统风险提供了多方位的专业知识支持。

评估准备阶段为风险识别和分析奠定了坚实基础，确保了识别和分析过程具有数据和专业保障。如果在准备阶段未能确保充分的数据收集或团队结构不够完善，可能会影响后续阶段的准确性和效果。

2. 风险识别

风险识别阶段通过多种方法的组合以及动态识别工具，系统性地揭示了复杂电力信息系统中的潜在风险。该阶段的合理性体现在确保风险识别的全面性和深度，有效避免了关键风险源的遗漏。同时，识别结果明确了后续风险评估的对象，为风险分析阶段提供了具体的风险事件和因素。

风险识别的结果直接影响风险分析的精确性和全面性。如果未能准确识别出所有相关风险因素，分析阶段的结果将缺乏针对性，进而影响后续风险评价和控制措施的效果。

3. 风险分析

风险分析阶段的主要任务是对识别出的风险进行量化，采用概率计算、不确定性分析等方法，计算风险值，明确风险的可能性及其后果。该阶段通过量化风险信息，为风险评价提供了科学的数据支持。特别是引入动态分析模型，使得风险分析结果更加贴合实际情况，提升了分析的准确性和现实意义。

风险分析为风险评价提供了准确的风险参数。如果分析结果不准确，风险评价阶段分级将缺乏可靠性，进而影响后续资源合理分配和控制策略的制定。

4. 风险控制

风险控制阶段将评估结果转化为实际操作，采用多层次的控制手段和反馈机制实现闭环管理。持续性的控制措施和反馈机制确保了控制措施的长期有效性，而动态调整则确保这些措施能够适应系统状态的变化，保持管理的灵活性和针对性。

风险控制阶段是评估流程的最终实施环节，通过具体的操作措施降低或规避风险的潜在影响。如果前期各阶段的数据和分析结果存在不准确性，控制措施的有效性将受到影响，从而难以形成有效的闭环管理。

五、风险应用场景

复杂电力信息系统的运行面临着来自人员操作、网络环境等多方面的风险。为了有效识别、控制并降低系统风险，风险评估应根据系统运行的实际情况开展。本节探讨了两种关键的风险评估应用场景：年度综合评估和重大变更评估，并分析了这些评估的实施过程、目的和合理性。

（一）电力信息系统风险评估的必要性

随着复杂电力信息系统规模、功能和集成度的不断提升，运行环境变得愈加复杂，随之而来的风险因素也日益增多。有效的风险评估应用能够帮助管理者提前识别潜在风险、量化风险等级，并采取针对性的控制措施，从而确保系统的安全和稳定运行。对于复杂电力信息系统而言，风险评估具有以下几方面的必要性。

（1）保障系统持续可靠性：复杂电力信息系统必须提供连续、稳定的服务，避免因运行中断而影响其安全稳定运行。

（2）提前识别潜在风险：通过定期和专项风险评估，及时识别系统运行中的潜在问题，并采取有效的预防措施。

（3）优化资源分配：通过对风险进行分级评估，优先处理高风险事件，将有限的资源集中投入到关键领域，从而提高风险管理的效率。

（4）增强应对突发事件的能力：通过重大变更评估，帮助系统在面临结构性调整或平台环境变化时，动态调整风险等级和应对策略，提升系统应对突发事件的能力。

基于以上需求，复杂电力信息系统的风险评估应用被划分为年度综合评估和重大变更评估两大场景。两种评估场景在应对不同类型的风险时起着至关重要的作用。接下来，将详细分析这两类风险评估场景的特点、应用过程及其合理性。

（二）风险评估应用场景一：年度综合评估

1. 定义和目的

年度综合评估是指每年定期开展的、系统化且全面的复杂电力信息系统风险评估工作。该评估旨在覆盖系统运行的整个年度周期，识别并评估可能影响系统稳定的风险因素。通过量化分析，形成详细的风险清单，并据此制定相应的风险控制措施。

年度综合评估的主要目标包括如下几个方面。

（1）识别全局性风险：在电力信息系统的年度运行周期内，识别所有可能影响系统安全稳定的风险因素，为全面控制风险提供数据支持和理论依据。

（2）更新风险等级：随着系统环境和功能的变化，风险等级也需进行及时更新。年度评估为风险等级的动态调整提供了系统性保障，确保控制措施的针对性和有效性。

（3）制定年度风险控制方案：通过对风险的全面评估，制定系统的年度风险控制计划，优先处理高风险事件，确保系统在未来一年的持续稳定运行。

（4）支持系统资源规划：通过量化风险值和评估资源需求，制定合理的资源分配计划，从而将更多的资源有效地投入到关键风险控制活动中，提升整体资源利用效率。

2. 实施过程

年度综合评估的实施过程分为风险识别、风险分析、风险评价和风险控制四个阶段。

（1）风险识别：在年度综合评估中，风险识别阶段的主要任务是全面识别复杂电力信息系统中的潜在风险源。常见的风险因素包括操作风险、设备老化等。此阶段需要评估团队从系统日志、设备运行记录、操作报告等多种数据来源中提取信息，并结合年度数据的统计特征，识别出新的或潜在的风险源。通过这种方法，能够确保风险识别的广度和准确性，为后续分析提供可靠基础。

（2）风险分析：在风险分析阶段，针对识别出的各类风险因素，评估团队采用定量分析方法，深入分析各风险的发生概率及其可能产生的后果。该阶段的结果不仅包括每项风险的具体数值，还涵盖了风险可能带来的影响分析，为风险评价提供了必要的数据支持。

（3）风险评价：在风险评价阶段，基于风险分析结果，团队对各项风险进行分级，并评估其优先级。分级通常采用风险矩阵法，将风险按发生概率和后果严重性进行分类，划分为重大、严重、一般、轻微、极轻五个等级。每一等级的风险将设定相应的容忍度，并制定相应的管理策略，确保资源的合理分配和风险应对的有效性。

（4）风险控制：在风险控制阶段，评估团队根据风险评价的结果，制订年度风险控制计划。该计划将优先考虑高风险事件的应对措施，并将控制措施嵌入系统的日常管理流程中。例如，对于高风险设备，计划中可能包括更加频繁的维护检查；对于操作风险较高的环节，则可能增加相应的操作培训和演练。通过这种方式，确保在年度内能够有效管理和降低系统的整体风险水平。

3. 合理性分析

年度综合评估的合理性体现在以下方面。

（1）定期性和系统性：复杂电力信息系统的运行特点决定了系统内的风险因素在年度范围内可能发生显著变化。定期开展综合评估有助于全面掌握系统风险的动态变化，为持续有效的风险控制提供长期保障。通过周期性评估，能够及时发现新出现的风险因素，并针对性地进行调整和管理。

（2）全局视角：年度综合评估覆盖了系统的所有环节和功能，能够从全局视角进行风险识别和评估。这种全面的视角避免了局部风险管理中的盲点，确保风险评估结果的全面性与准确性，从而为系统的整体安全性提供有力支持。

（3）风险分级和优先处理：通过对识别出的风险进行分级管理，年度评估有助于优先处理高风险事件，集中资源应对最关键的风险。这提高了风险管理的针对性和效率，确保有限资源能够得到最有效的运用。

（4）支持资源合理分配：年度综合评估不仅有助于风险识别和控制措施的制定，还为资源分配提供了科学依据。通过对高风险事件的优先处理，评估结果能够指导系统合理分配资源，确保关键领域得到充分保障，提升风险管理的整体效果。

年度综合评估作为复杂电力信息系统风险管理的基础性评估场景，能够从宏观层面为系统的稳定运行提供持续保障，确保系统在不断变化的环境中始终保持安全、稳定的运行状态。

（三）风险评估应用场景二：重大变更评估

1. 定义和目的

重大变更评估是指在电力信息系统发生业务流程、网络架构、技术平台或运行模式等重大变更时，针对这些变化可能引发的新风险或影响进行专项风险评估。其主要目的是在系统结构、应用程序或操作环境发生显著变化时，识别潜在风险并采取相应的控制措施，以确保系统的安全性和稳定性。

重大变更评估的主要目的包括以下几个方面。

（1）评估变更引发新风险：系统在发生重大变更后，可能会引入新的风险因素。重大变更评估的首要目标是识别并分析这些新风险的性质和程度，确保能够及时发现潜在的威胁。

（2）更新风险清单和风险等级：由于变更可能引入新的系统特性和环境条件，原有的风险等级和清单可能已不再适用。通过变更评估，及时更新风险清单和风险等级，以确保风险管理的有效性。

（3）动态调整控制措施：根据变更评估结果，调整和制定新的风险控制措施。这些控制措施需针对新的系统结构、技术平台或操作环境，确保能够适应变化后的风险状况。

（4）保障系统的动态适应性：确保系统能够在发生重大变更后，具备有效应对新风险的能力。通过及时的风险评估与控制措施调整，减少因变更引发的风险，保障系统的安全性和稳定性。

2. 应用场景

在电力信息系统的实际运行中，以下几类情况需要进行重大变更评估。

（1）新增或变更应用：当引入新的应用或现有应用进行大规模改动时，可能会带来新的操作和技术风险。评估这些风险有助于确保新增或变更的应用不会对系统的安全性和稳定性产生负面影响。

（2）网络结构变更：如网络拓扑的调整或网络连接方式的改变，可能会对系统的安全性、可靠性以及数据传输的稳定性产生影响。此类变更需要进行专项评估，确保系统在新结构下的安全运行。

（3）技术平台的更新：当系统更新或更换技术平台时，虽然新平台可能带来性能提升，但也可能引入兼容性、稳定性或安全性方面的新风险。因此，评估这些潜在风险并及时调整控制措施至关重要。

（4）系统扩容：系统扩容意味着设备和用户数量的增加，可能导致风险暴露面扩大，从而增加潜在风险的发生概率。此时需要进行风险评估，评估系统扩展后可能出现的负面影响，确保新资源的引入不会降低系统的安全性。

（5）重大事件威胁：例如自然灾害、网络攻击等重大事件的发生，可能对系统运行造成直接威胁。在此类事件发生或存在潜在威胁时，必须进行专项评估，以确保系统能有效应对紧急状况，减少对电力信息系统运行的影响。

（6）组织结构变化：如管理层交接、职能调整等组织结构变化，可能导致系统的安全管理模式发生变化，从而影响到系统的整体风险状况。此时需要进行风险评估，确保变更后的管理结构不会影响系统的安全性和稳定性。

（7）特殊需求时期：在一些特殊活动期间，如重大节能活动、重要会议或高峰负荷期间，系统的稳定性和安全性要求会有所提高。此时，进行风险评估，确保系统能够满足更高的稳定性需求，避免因临时性变化带来的潜在风险。

通过对这些情况进行重大变更评估，复杂电力信息系统能够有效识别变更引发的新风险，并及时采取适当的控制措施，保障系统在面对各种变动时能够安全、稳定运行。

3. 实施过程

重大变更评估的实施过程包括以下步骤。

（1）变更确认：确认变更的类型和内容，明确变更对系统可能产生的影响。变更确认的范围包括技术层面（如硬件、网络）和管理层面（如流程、操作要求），确保评估从全局角度考虑系统的潜在变化。

（2）专项风险识别：根据变更内容，识别新增的风险因素。技术平台的更换可能带来兼容性问题，网络结构的调整可能引入新的安全风险。通过对变更内容的深入分析，全面识别与之相关的潜在风险。

（3）专项风险分析：对识别出的新风险进行详细分析，包括评估风险发生的概率及其可能的影响程度。专项风险分析需结合新系统的特性、变更的具体需求以及历史数据，对风险进行定量或定性分析，确保评估结果具有实际意义。

（4）风险等级调整：根据风险分析结果，调整系统中各类风险的等级。

变更可能导致某些风险的等级上升，尤其是新增的高风险因素需要特别关注。通过调整风险等级，确保风险清单能真实反映系统当前的风险状况，并为后续的控制措施提供依据。

（5）制定和调整风险控制措施：依据更新后的风险等级和风险清单，制定或调整相应的风险控制措施，确保系统在变更后的环境中仍能保持稳定运行。对于新增的安全风险，例如网络结构的变化，可能需要加强网络访问控制和加密保护等措施。所有控制措施应与变更后的系统特点相匹配，以有效应对新风险。

（6）更新风险清单和监控机制：将新识别的风险类型、风险等级及控制措施更新至系统的风险清单中，并建立相应的监控机制。尤其是对于可能长期影响系统的新风险，需要在日常运维过程中进行动态监控，确保其始终处于可控状态。

4. 合理性分析

重大变更评估的合理性体现在以下几个方面。

（1）适应系统变化的需求：随着复杂电力信息系统业务的发展、技术的升级和外部环境的变化，系统常常面临大规模的变更。在这些情况下，原有的风险评估结果可能不再适用。通过进行变更评估，确保风险管理能够及时调整，以适应新的风险状态，保障系统在变化后的稳定性。

（2）提高系统的灵活性和适应性：变更评估不仅帮助识别新增的风险，还能够通过及时调整控制措施，确保系统在新运行条件下维持稳定。这一动态评估机制有效增强了系统应对突发变化的能力，提升了系统的整体灵活性与适应性。

（3）降低变更带来的潜在风险：系统变更往往伴随一定的不确定性，可能导致意料之外的风险发生。通过专项的风险评估和控制措施的调整，可以有效降低新风险的发生概率，减少因变更带来的潜在风险，提升系统的变更管理能力和应对能力。

（4）支持风险管理的闭环控制：变更评估将新识别的风险纳入现有的风险清单，并根据评估结果设置监控机制，形成对新风险的闭环管理。这一机制确保了风险管理的持续性，保障了风险控制措施的有效执行，及时发现并应对潜在问题。

综上所述，重大变更评估能够灵活应对复杂电力信息系统中的各种变更，动态管理新增的风险，是风险评估应用的重要组成部分。通过合理设计和实施，变更评估确保了系统在面临重大变化时仍能保持风险可控，支持系统的长期稳定运行。

（四）协同应用

复杂电力信息系统的风险评估需要兼顾系统的长期性与动态性，因此，年度综合评估与重大变更评估并非相互替代，而是互为补充、相辅相成。年度综合评估提供了系统运行的全局性风险视角，而重大变更评估则专注于系统发生变化时的应急调整。两者的协同应用，确保了在不同场景下能够全面控制系统风险，提升系统的安全性与稳定性。

1. 互补性

（1）覆盖范围的互补：年度综合评估涵盖了系统的全面运行情况，识别系统的全局风险，而重大变更评估则专注于特定变更所带来的新风险和影响。两者结合，能够从全局和局部两个维度进行风险识别与管理，确保风险的全面覆盖。

（2）评估频次的互补：年度综合评估是定期进行的，提供系统的年度性风险更新，保障风险管理的持续性；而重大变更评估根据系统实际变化的需求进行不定期评估，确保能够及时发现和处理变更带来的新风险。这种结合方式既保证了评估的定期性，也确保了评估的及时性。

（3）资源使用的互补：年度评估通常涉及全面的风险识别和分析，所需资源较为庞大；而变更评估则针对特定的系统变更，评估范围较窄，资源需求相对较少。通过两者的结合，能够更加高效地使用资源，避免资源浪费。

2. 协同流程

（1）年度综合评估后的变更评估：在年度综合评估完成后，如果系统在短期内发生重大变更，需立即启动变更评估，以确保新风险得到及时评估和控制，避免风险管理出现空白期，确保系统始终处于受控状态。

（2）重大变更评估对年度评估的补充：重大变更评估过程中识别的新风险和调整后的风险等级，可以为下一年度的综合评估提供参考，进一步优化和丰富年度风险清单，确保风险管理的持续性和针对性。

（3）风险清单的持续更新：年度综合评估和重大变更评估共同作用于风险清单的维护和更新，形成一个动态更新的风险库。年度评估为清单提供全局性的风险信息，而重大变更评估则为清单带来时效性和动态性，使得风险管理始终与系统实际运行情况保持一致。

（五）风险评估应用效果

通过年度综合评估和重大变更评估的协同应用，电力信息系统的风险管理效果可以得到显著提升。

（1）系统安全性提升：两类评估协同工作，能够有效降低系统突发风险的发生，减少意外故障和运营中断的可能性，显著提高系统的安全性和稳定性。

（2）资源优化配置：定期的年度评估和灵活的变更评估使得管理者能够合理配置资源，优先投入到高风险区域和高优先级的变更上，从而提高资源使用的效率，确保有限资源的最大化利用。

（3）响应能力增强：重大变更评估能够实时跟踪系统变更，及时进行调整，提升系统面对外部挑战和业务变化时的响应能力。年度评估则为系统提供了长期的风险管理计划，使得系统具备更强的适应性和长期稳定性。

（4）形成闭环管理：通过持续的风险清单更新、动态的风险等级调整和实时的控制措施反馈，风险评估形成了一个完整的闭环管理流程。这一闭环管理不仅能在短期内有效控制风险，还能够为系统的长期稳定运行提供保障，确保风险管理始终处于可控状态。

第四章 复杂电力信息系统
运行风险评估规范（一）

第一节 适用范围

本章确立了复杂电力信息系统开展运行风险评估的关键要素关系、风险分析原理、风险评估流程以及具体应用场景。其主要目的是为复杂电力信息系统的安全、稳定运行提供系统化的指导和支持。通过构建全面、细致的风险评估框架和方法，本章旨在帮助复杂电力信息系统的运维和管理人员识别、分析和应对各类潜在的安全风险，确保系统在多变的运行环境下能够保持高水平的可靠性和安全性。

本章的适用范围广泛，不仅涵盖了复杂电力信息系统日常运行中的风险评估工作，还为复杂电力信息系统面临重大变更、技术升级或外部环境变化时的风险评估提供了具体的指导。具体来说，本章适用于以下场景。

一、日常运行中的风险评估

在复杂电力信息系统系统的日常运行过程中，风险评估人员需要持续监控系统的健康状况，识别潜在的风险因素并加以控制。通过本章，风险评估人员能够按照系统化的评估流程，对系统运行风险进行深入分析。通过定期的风险识别和分析，能够及时发现并处理潜在的威胁，降低故障发生的可能性，提高系统的安全性和稳定性。

二、重大变更期间的风险评估

当复杂电力信息系统面临重大变更时，例如新增或更新关键业务应用、扩展系统容量、引入新技术平台等，都可能会引入新的风险因素或增加现有风险的影响。因此，在进行此类变更前，需依据本章对潜在的风险进行系统评估。例如，新增应用可能带来数据接口的兼容性问题，扩展系统容量可能增加网络带宽压力，新技术的引入可能导致与现有技术的冲突。运维和管理人员可按照本章中的风险识别和分析流程，评估每种变更可能带来的影响，量化其风险等级，并制定对应的风险控制和缓解措施，确保变更后系统的安全运行。

三、技术升级或系统改造的风险评估

复杂电力信息系统系统在其生命周期中，往往会经历多次技术升级和系统改造，以适应业务需求和技术发展。然而，系统升级和改造可能会导致原有风险控制措施失效或引入新的风险。本章适用于评估此类升级或改造过程中的潜在风险，并提供有效的控制策略。例如，在操作系统升级、数据库迁移或硬件更换等情况下，运维团队可以根据本章提供的评估框架，分析升级可能引发的兼容性问题、安全漏洞和数据完整性风险，确保改造后的系统在新环境中依然稳定、安全地运行。

四、突发事件后的风险评估

在突发事件（如网络攻击、自然灾害、设备故障等）发生后，复杂电力信息系统的运行环境可能会发生显著变化，系统可能受到一定程度的破坏或影响。此时，为了保障系统的快速恢复和长期安全，风险评估人员需对系统进行全面的风险评估，以准确了解系统的受损情况和潜在风险。根据本章的指导，风险评估人员可以在突发事件发生后迅速开展专项评估工作，识别事件可能引发的新风险和系统薄弱点，采取相应的补救和控制措施，降低风险的进一步扩散，恢复系统的正常运行。

第二节　主要功能及作用

本章不仅为复杂电力信息系统的风险评估工作提供了明确的框架，还提供了实际操作的指导步骤和详细的评估方法。通过系统化的风险评估流程，风险评估人员可以有效识别系统运行中的各种风险因素，并通过量化与定性分析确定其风险等级。本章的作用体现在以下几个方面。

一、风险识别的系统化

本章提供了"人、物、环、管"四个维度的风险要素框架，通过分级评估的方式帮助风险评估人员全面覆盖系统可能面临的各种风险类型。风险识别过程涵盖人员操作风险、物理和网络安全风险、环境风险以及管理风险，确保各类风险都能被有效识别。

二、风险分析的科学化

通过本章，风险评估人员可以运用科学的分析方法，对风险的发生概率和潜在影响进行定量计算，结合专家的定性分析，形成完整的风险评估报告。风险分析过程中提供了多个评估表和评分标准，帮助风险评估人员准确计算风险值，确保分析结果的准确性和一致性。

三、风险控制的针对性

根据风险分析结果，本章指导风险评估人员针对不同风险等级制定合理的控制措施。对于高等级风险，规范建议采取紧急处理和长期优化措施，而对于较低等级的风险，规范建议通过监控和定期检查保持风险的可控性。

风险控制措施的明确性和针对性确保了资源分配的有效性和控制策略的合理性。

四、风险管理的持续性

风险管理是一个动态、持续的过程。本章强调了定期风险评估和风险监控的重要性，建议每年开展一次系统性的综合风险评估，识别系统在日常运行中积累的潜在风险。同时，在发生重大变更或突发事件时，通过即时的专项评估来及时更新风险控制措施，确保系统风险管理的时效性。

通过本章，风险评估人员能够在日常工作和应急情况下，依照规范的评估原则和步骤，系统化地进行风险识别、风险分析、风险控制及风险监控工作。无论是应对日常运营中的潜在风险，还是面对突发事件或重大变更带来的不确定性，本章都提供了明确的行动指引，有助于提升风险评估人员的复杂电力信息系统运行风险应对能力，保障系统在复杂环境中的安全、稳定和高效运行。

第三节　术语和定义

为了确保对复杂电力信息系统运行风险的评估工作能够规范、有序地开展，明确核心术语的定义至关重要。以下是本章中涉及的主要术语和定义，对其进行详细阐述，以帮助风险评估人员准确理解各术语的含义及其在风险管理中的应用场景和重要性。

一、电力信息系统

电力信息系统指电力企业为支持其日常管理和经营活动而应用的信息化系统。其功能在于辅助电力企业内部管理经营，以保障企业的内部运作和管理效率。通常不包括专门用于电力生产、传输、配电和监控等流程的核心业务系统，例如调度系统、数据采集与监视控制系统等，以及用于支撑信息传输的通信和数据网络，例如光纤网络、无线通信等。

二、复杂电力信息系统

复杂电力信息系统是在大规模集中部署和统一管理的基础上，结合云计算、大数据、物联网、移动应用和人工智能等先进技术，提升系统的智能化水平和协同能力，从而支撑电力企业高效运营和管理的信息系统，采用新技术具体如下。

（1）云计算：复杂电力信息系统借助云计算技术，实现了计算资源的虚拟化和集中管理，支持资源的弹性扩展和按需分配。云计算不仅提供了高性能的计算和存储资源，还增强了系统的可扩展性和容灾能力。

（2）大数据：系统通过大数据技术进行海量数据的实时采集、存储、分析和挖掘，能够从海量数据中提取有价值的信息，为企业决策和业务优化提供数据支持。

（3）物联网：物联网技术使得大量的传感设备和智能终端能够实时连接到复杂电力信息系统中，实现设备状态、环境信息和用户行为的实时监控。物联网的引入提升了系统对物理环境的感知能力，实现了电力设备的智能化监测和管理。

（4）移动应用：复杂电力信息系统支持风险评估人员通过移动设备随时随地访问系统数据和执行操作。移动技术的应用改善了工作效率和信息的可访问性，使得系统能够适应更加灵活的运维需求。

（5）人工智能：复杂电力信息系统通过引入人工智能技术实现智能决策和自动控制，例如通过机器学习算法识别潜在故障、通过图像识别监控现场情况、通过自然语言处理优化用户交互等，提升了系统的智能化水平和运行效率。

三、风险

风险是指可能对复杂电力信息系统的安全稳定运行造成负面影响的潜在

不利因素。风险的来源多种多样，包括但不限于以下几点。

（1）技术漏洞：复杂电力信息系统中的软件、硬件或网络设备可能存在尚未修复的漏洞，容易被攻击者利用，引发信息泄露、系统崩溃等安全事件。

（2）网络攻击：随着复杂电力信息系统与互联网的深度融合，各类网络攻击手段（如拒绝服务攻击、恶意代码、钓鱼攻击等）对系统安全性构成了严峻挑战。攻击者通过渗透系统，可能导致数据泄露、系统破坏或干扰系统的正常运行。

（3）硬件故障：复杂电力信息系统依赖大量硬件设备，如服务器、路由器、交换机等。如果这些硬件设备发生故障，可能导致系统部分功能失效或整体中断，从而影响正常的业务运营。

（4）操作失误：操作人员的疏忽或知识不足可能导致一系列误操作，包括数据误删除、配置错误、权限管理失误等，均可能对系统安全性造成威胁。

复杂电力信息系统的风险评估、管理和控制是确保系统安全稳定运行的基础。通过对风险的准确识别与量化分析，风险评估人员能够制定有效的应对策略，减少风险带来的影响，并确保系统能够迅速恢复至稳定状态。

四、风险评估

风险评估是对复杂电力信息系统中可能影响其安全稳定运行的风险进行识别、分析与评价的系统化过程。该过程通常包括三个主要阶段。

（1）风险识别：在这一阶段，通过全面、系统地识别所有可能对系统运行构成威胁的风险因素，包括已知风险和潜在风险。风险识别是风险评估的首要步骤，通过分析系统的运行环境、结构、功能和业务需求，识别可能引发故障或造成损失的关键风险。

（2）风险分析：风险分析阶段对识别出的风险因素进行定性与定量的评估，分析其发生的概率和可能带来的影响。定量分析通常采用数学模型或统计方法，通过历史数据和经验数据来计算每项风险的数值；定性分析则依赖于专家的判断，对风险的严重程度进行分类，并描述其潜在影响。

（3）风险评价：在风险分析的基础上，进行风险的分级和排序，评估其严重程度。风险评价的目的是识别和确定哪些风险是不可接受的，需要优先处理；以及哪些风险可以通过适当的监控和控制措施保持在可接受的水平。对于不可接受的高风险，需制定相应的应对策略，包括但不限于规避、缓解、转移和接受等方法。

风险评估不仅是对风险的识别与量化，更重要的是通过系统化的分析为风险控制和决策提供科学依据。评估结果为风险评估人员提供了合理的应对策略，有助于减少系统在运行过程中受到不确定性因素的影响，确保复杂电力信息系统的高效、安全运行。

本章通过结合理论与实际，采用严格的评估方法和分析模型，确保复杂电力信息系统能够在各类运行环境下有效应对潜在安全威胁。

第五章 复杂电力信息系统
运行风险评估规范（二）

第一节 风险要素关系

复杂电力信息系统运行风险评估涉及的基本要素涵盖人、物、环、管四个关键维度。每个维度在系统的稳定性、安全性和可靠性中都扮演着至关重要的角色，具体划分如下。

一、人的因素

人的因素指信息系统的操作与维护人员。人员的技能水平、风险意识、操作行为和执行能力直接影响信息系统的运行状态及其整体风险水平。因此，人员因素被视为风险的主动触发源，这意味着人员的操作失误或缺乏风险意识可能会直接导致系统风险的发生。具体而言，"人"维度包括以下几个方面。

（1）风险意识：人员的风险意识至关重要，关系到他们能否识别和预防潜在的安全威胁。提升风险意识的关键在于定期开展安全培训，使员工了解可能的风险类型及其后果，并具备基本的预防和应对措施。

（2）岗位技能：操作人员的专业水平和技能直接决定了系统的运行情况。具备相应岗位技能的人员能够更高效地进行问题排查、系统维护和优化，降低系统因人为操作失误而带来的安全隐患。

（3）操作行为：操作人员的操作行为包括他们是否严格遵循操作规程、流程是否正确、操作记录是否完整等。操作行为的规范性和标准化是减少人为失误的关键。因此，建立详细的操作手册和标准化流程，要求人员在操作中严格按照规程执行，能够有效避免因误操作导致的系统故障。

（4）应急能力：复杂电力信息系统运行中不可避免地会遇到突发事件，如设备故障、数据异常或网络攻击等。在这些情况下，操作人员的应急响应能力至关重要。通过定期的应急演练和模拟培训，操作人员可以在突发事件中迅速做出反应，采取适当措施稳定系统，减少事故损失。

综上，提升操作人员的专业能力、风险意识和应急响应能力，是保障信息系统安全稳定运行的基础。企业应当建立全面的培训和评估机制，使操作人员在面对系统风险时具备充分的知识和技能，减少因人员因素带来的系统风险。

二、物的因素

物的因素指支撑信息系统正常运行的所有技术组件和基础设施，包括服务器设备、数据库系统、中间件、存储设备等。这些技术组件构成了信息系统的物质基础，其稳定性、性能和可靠性直接决定了系统的可用性、安全性和连续性。硬件设备的损坏、软件组件的漏洞或老化等问题，均可能对系统的稳定运行构成严重威胁。"物"维度的风险管理中主要包含以下方面。

（1）硬件设施：硬件设施的稳定性和寿命直接影响系统的可靠性。定期对服务器、存储设备、路由器和其他硬件进行维护和检查，有助于提前发现并排除潜在故障，确保设备在最佳状态下运行。同时，建立合理的硬件更新周期，避免设备老化带来的风险。

（2）软件设施：信息系统通常依赖多种软件组件和应用系统来实现其功能。软件设施的安全性和稳定性在很大程度上取决于及时的更新和漏洞修复。

（3）数据库与中间件：数据库和中间件是信息系统的数据处理和传输的核心组件。其性能和安全性直接关系到系统的数据存储、查询和处理效率。对于数据库和中间件，应加强访问控制和安全加密，确保数据在传输和存储过程中不被泄露或篡改。

（4）存储设备：数据存储设备如硬盘、磁盘阵列等，是系统运行的基础设施。定期对存储设备进行检测和维护，防止数据损坏或丢失，同时制定严格的数据备份和恢复计划，以便在设备故障时能够及时恢复数据，保障系统的连续性。

"物"维度的风险管理应以预防和维护为核心，通过定期检查、性能优化和更新升级等手段，确保所有技术组件处于安全、稳定的状态，减少硬件故障或技术问题带来的系统风险。

三、环境因素

环境因素指复杂电力信息系统运行所依赖的外部环境因素，如网络环境、物理环境等。环境因素是系统运行的外部条件，其变化可能成为系统风险的诱因。例如，电力中断、自然灾害或网络故障等外部环境因素，均可能直接或间接地影响系统的正常运行。因此，在"环"维度上的风险评估管理主要包括以下方面。

（1）网络环境：网络环境的稳定性是保障数据传输和系统响应速度的基础。网络延迟、带宽限制以及网络攻击防护能力直接关系到系统的性能和安全性。因此，网络性能应当开展定期监控，识别和排除潜在的网络瓶颈，确保网络环境的稳定性。同时，应建立完善的网络安全防护机制，防范网络攻击，如防火墙、入侵检测系统等，以提升系统的抗攻击能力。

（2）物理环境：物理环境因素包括供电系统、温湿度控制、安防设施等。供电系统的稳定性直接决定了设备能否正常运行，因此需要配备不间断电源和备用发电设备，确保在电力中断情况下设备能够继续工作。此外，温湿度控制系统可以防止设备因过热或潮湿而损坏，安防设施（如门禁和监控）则能够防止未经授权人员接触设备，保障物理环境的安全性。

通过对"环"维度的环境因素进行系统化的监控和管理，能够最大限度地降低环境对系统运行的外部风险影响，确保复杂电力信息系统在稳定的环境中安全、高效地运行。

四、管理因素

管理因素指支撑复杂电力信息系统安全稳定运行的管理制度与流程保障。完善的管理制度、清晰的职责划分和标准化的操作流程是确保信息系统安全稳定运行的制度性支撑。如果管理层面存在制度不完善、职责分工不清或流程设计不合理等问题，可能会在系统操作和维护中出现疏漏或错误，从而引发系统风险。因此，管理层面的风险管理主要包括以下方面。

（1）制度建设：建立并完善一套系统安全管理制度，包括操作规范、访问控制、应急响应和故障处理等制度，确保每个流程均有明确的操作指引。管理制度的制定应覆盖系统的所有操作环节，确保操作人员在任何情况下均有标准化的流程可循。

（2）流程优化：随着技术的发展和系统的升级，管理流程需要定期审查和优化，确保其能够满足当前系统的需求。例如，在新的风险被识别或新的技术引入后，需要对管理流程进行调整和改进，以确保其适应性和有效性。

（3）定期检查与反馈：制度的执行效果需通过定期检查和反馈机制来验证。风险评估人员应定期对管理制度的执行情况进行检查，收集实际操作中的问题和改进建议，以便不断优化和完善制度，提升管理的有效性。

系统的运行风险水平得以系统性地管理和控制。每个维度在整体风险管理框架中扮演着独特而重要的角色，四者相互关联，缺一不可。为了在复杂电力信息系统的风险管理中取得最佳效果，风险评估人员在日常工作中应综合考量这四个维度，构建一套全面的风险管理机制，从而确保系统的长期稳定和高效运行。

第二节　风险分析原理

复杂电力信息系统的运行风险分析是一个多维度、系统性的过程，涉及到对电力信息系统在运行过程中可能遇到的各种风险因素的识别、评估和量化。这一过程对于确保电力信息系统的安全、稳定和可靠运行至关重要。复杂电力信息系统运行风险分析原理如下：

一、运行风险计算

计算复杂电力信息系统运行风险是时，采用一个综合的风险评估模型，该模型能够全面考虑电力信息系统的各个关键维度，见表 5-1。

表 5-1　风险权重系数赋值表

风险维度	权重赋值
人因风险（w_P）	30%
物因风险（w_C）	35%
环境风险（w_E）	15%
管理风险（w_M）	25%

具体风险计算公式如下：

$$R = P_r \times w_P + C_r \times w_C + E_r \times w_E + M_r \times w_M \tag{5-1}$$

式中：

R——复杂电力信息系统运行风险，反应人、物、环、管四维度共同影响下的复杂电力信息系统运行风险值总和；

P_r——"人"维度风险，该风险反映了操作及维护人员在系统运行中的潜在风险因素。其计算考虑了人员的专业技能水平、风险意识、操作合规性以及在应急情况下的响应能力。例如人员培训不到位或操作失误均可能提升这一风险值；

C_r——"物"维度风险，系统支撑组件的稳定性与性能是系统正常运行的基础。此维度风险计算包括服务器设备的故障率、数据库的稳定性、中间件的可用性等因素。例如设备老化、技术更新不及时或系统漏洞会增加该风险值；

E_r——"环"维度风险，该维度涵盖运行环境的外部条件，如网络环境的稳定性、物理设施情况、供电保障和防灾能力等。例如外部网络攻击、自然灾害或电力供应中断等均可能显著影响此风险值的变化；

M_r——"管"维度风险，管理风险涉及信息系统运行的政策、制度和流程是否完备。此风险衡量包括管理制度的规范性、应急预案的有效性以及日常操作规程的执行情况。不完善的管理流程或疏于审查的制度会导致系统维护和应急反应失误，从而提高该维度的风险值；

w_P——人员风险的权重系数；

w_C——系统支撑组件风险的权重系数；

w_E——环境风险的权重系数；

w_M——管理风险的权重系数。

二、"物"维度风险计算

复杂电力信息系统运行风险评估中的"物"维度，主要涉及支撑系统正常运行的各类硬件和软件组件的风险评估。此维度的风险评估旨在通过定量分析关键设备和组件的稳定性、可靠性及其潜在故障对系统运行的影响，确保电力信息系统在各类复杂运行环境中保持高可用性和稳定性。具体的"物"维度风险计算公式（5-2）如下：

$$C_{ri} = P \times I \qquad\qquad (5\text{-}2)$$

式中：

C_{ri}——单项"物"维度风险；

P——风险发生概率，表示特定组件在一定时间周期内发生故障或异常的可能性，基于历史运行数据、组件故障记录以及维护经验，通过综合分析组件的故障模式和运行情况，结合人为判断，确定组件的故障概率。

I——风险影响程度，指组件故障时对系统整体运行稳定性和安全性的潜在影响，通过对组件在故障时对信息系统的影响范围、恢复时间、备用机制等进行评估来确定其影响程度。

在评估多项"物"维度风险时，需要综合考虑每种组件类型的风险及其可靠性能力。总体"物"维度风险计算公式（5-3）如下：

$$C_r = \sum_{i=1}^{n} C_{ri} \times r \qquad (5\text{-}3)$$

式中：

C_r——"物"维度风险；

C_{ri}——单项"物"维度风险；

r——可靠性能力系数，反映设备在正常运行条件下的可靠性水平，该系数可以通过设备的可靠性工程分析得出，包括设备的冗余设计等。

三、"环"维度风险计算

在复杂电力信息系统的风险评估框架中，"环"维度风险计算主要关注环境因素对电力信息系统运行的影响。针对各项"环"维度风险计算如公式（5-4）：

$$E_{ri} = P \times I \qquad (5\text{-}4)$$

式中：

E_{ri}——单项"环"维度风险；

P——单项"环"维度风险发生的概率，这通常基于历史故障数据、设备对环境变化的敏感度以及环境监测数据，结合人为判断进行评估；

I——单项"环"维度风险的影响程度，环境因素对系统性能的影响、可能导致的系统故障的影响等；

基于公式（5-4），进一步计算复杂电力信息系统"环"维度的总体风险（式5-5）：

$$E_r = \sum_{i=1}^{n} E_{ri} \times r \qquad (5\text{-}5)$$

式中：

E_r——"环"维度风险；

E_{ri}——单项"环"维度风险；

r——可靠性能力系数，反映设备在正常运行条件下环境的可靠性水平，该系数可以通过环境的可靠性分析得出，包括环境的冗余设计等。

四、"人"维度风险计算

在电力信息系统的风险评估中，"人"维度风险计算是至关重要的。这一维度涉及对操作人员、维护人员以及管理人员的行为和决策的量化分析。具体"人"维度风险计算如公式（5-6）：

$$P_{ri} = P \times I \tag{5-6}$$

式中：

P_{ri}——单项"人"维度风险；

P——单项"人"维度风险发生的概率，这通常基于历史故障数据、操作人员的工作表现、培训水平、设备对操作失误的敏感度，以及人为判断进行评估；

I——单项"人"维度风险的影响程度，主要考虑人为错误或失误对系统运行的影响，包括操作错误、判断失误可能导致的系统故障或性能下降的程度。

基于公式（5-6），进一步计算复杂电力信息系统"人"维度的总体风险如公式（5-7）：

$$P_r = \sum_{i=1}^{n} P_{ri} \tag{5-7}$$

式中：

P_r——"人"维度的总体风险；

P_{ri}——单项"人"维度风险。

五、"管"维度风险计算

在电力信息系统的风险评估框架中，"管"维度风险计算主要关注管理层面的风险因素。针对复杂电力信息系统"管"维度风险计算如公式（5-8）：

$$M_{ri} = P \times I \tag{5-8}$$

式中：

M_{ri}——单项"管"维度风险；

P——单项"管"维度风险发生概率，这通常基于历史故障数据、管理制度的执行情况、监管措施的有效性，以及人为判断进行评估；

I——单项"管"维度风险的影响程度，主要考虑管理决策失误、制度执行不到位或监督不力对系统运行的影响，包括管理层对风险的识别不足或响应迟缓可能导致的系统故障或性能下降的程度。

基于公式（5-8），进一步计算复杂电力信息系统"管"维度的总体风险如公式（5-9）：

$$M_r = \sum_{i=1}^{n} M_{ri} \times G \tag{5-9}$$

M_r——"管"维度风险；

M_{ri}——单项"管"维度风险；

G——保障时期风险系数，反映了特定保障时期（如重大活动等）管理措施的加强程度，该系数可以通过对历史数据的分析和当前管理措施的评估得出。

第三节　风险评估流程

在复杂电力信息系统的运行风险评估过程中，系统、全面且科学的流程是确保评估结果准确、实用的重要保障。以下是开展评估的具体流程步骤：

一、评估准备

（一）确定风险评估目标

明确本次评估的具体目标是确保评估工作的顺利开展并取得实效。首先，需要确定评估的重点领域，明确评估的核心任务。例如，识别系统中存在的潜在运行风险、验证现有风险控制措施的实际效果等。其次，应将总体评估目标细化为若干具体、可操作的任务，例如"评估关键电力信息系统的运行缺陷"等，确保每个目标既清晰明确，又具备可量化的评估标准。最终，通过设定明确的评估方向，能够有效避免目标不清所带来的资源浪费和时间延误，确保评估结果有据可依，为后续评估工作的顺利开展打下坚实基础。

（二）确定评估对象、范围和边界

明确评估对象、范围与边界是确保评估工作精准高效的关键步骤。

首先，需要清晰界定评估的对象。评估对象应覆盖电力信息系统的核心部件及敏感信息保护措施，确保所有需要评估的系统组件均得到覆盖，尤其是涉及核心功能和敏感数据的部分。

其次，明确评估的范围与边界。评估范围应依据电力信息系统的网络边界、物理边界和业务边界进行划定，从而避免不必要的分析工作，提升评估的针对性与效率。

最后，通过清晰界定评估范围，有效聚焦资源。合理分配资源，重点关注系统的高风险领域和关键环节，有助于提升评估工作的效率和精确度。通过明确的范围划定，确保评估工作集中于关键领域，避免对不相关部分进行过多分析，从而确保评估结果的高效性与有效性。

（三）组建评估小组并进行前期调研

为确保评估工作的科学性和全面性，应组建一个涵盖信息系统技术、安全、业务等领域的评估小组，并开展前期调研工作，收集系统架构、业务流程、安全控制措施等相关信息，为风险评估提供坚实的基础数据支持，确保评估能够有序、高效地展开。

评估小组的成员应由电力信息系统技术专家、安全管理专家、业务代表等组成，以确保从技术、安全和业务需求三个维度全面考量评估工作。必要时，可引入外部专家提供技术指导，进一步提升评估的专业性和权威性。

在调研准备阶段，小组成员需对系统架构、业务流程及安全控制措施等方面进行全面调研，收集与评估目标相关的基础数据。通过调研收集系统运行历史、安全事件记录、设备配置等数据，为后续的风险评估提供可靠的信息支持。确保在评估正式开始前，对系统的各个环节有全面的理解，从而在分析过程中能够准确定位潜在的风险源，保障评估工作的精准性和有效性。

二、风险识别

风险识别是电力信息系统风险评估中的关键环节。基于风险库中已有的风险描述，全面评估信息系统在"人、物、环、管"各维度上的潜在安全运行风险，从多个角度识别现存问题及隐患，为进一步风险分析和控制措施奠定基础。

（一）"人"维度

"人"维度聚焦在人员因素上，主要涉及信息系统相关的人员风险。人员的意识、技能和行为直接影响系统的安全性和稳定性，涵盖影响信息系统运行的相关人员，包括风险意识、岗位技能、操作行为 3 个二级评估维度域。

（1）风险意识：评估人员的安全意识水平，包括其是否接受过电力信息系统运行风险相关培训，是否具备识别和应对风险的能力，是否能够意识到不安全操作可能导致的后果。

（2）岗位技能：审查信息系统操作人员、维护人员和管理人员的技能水平。确认他们是否具备岗位所需的专业技能和资质，特别是对复杂电力信息系统的维护能力和应急响应能力。

（3）操作行为：分析操作过程中可能存在的行为性风险，包括是否存在误操作、未按规定流程操作等问题。评估人员在日常工作中是否遵循操作规范，是否有操作记录，以及是否存在可能导致安全事件的行为模式。

（二）"物"维度

"物"维度涉及信息系统中的硬件和软件资源，以及各类应用技术的使用情况，对这些设备和技术的安全性进行评估。包括基础设施、应用系统、云计算、大数据、物联网、移动应用、人工智能 7 个二级评估维度域。

（1）基础设施：对复杂电力信息系统的软硬件设施（如服务器、存储设备、中间件等）进行全面评估，重点分析其稳定性与安全性，确保硬件设备的运行环境与配置符合相关安全标准，并能够有效支撑系统的安全稳定运行。

（2）应用系统：对复杂电力信息系统应用软件进行全面评估，重点分析其访问与身份管理、数据存储与管理、系统集成与接口、审计与监控及安全防护等方面的安全性，确保权限控制、数据保护、接口安全和日志监控等措施有效，防范潜在运行威胁。

（3）云计算：对采用云计算技术的系统进行全面评估，重点分析云平台的基础设施服务、虚拟化管理、容灾备份以及性能监控与管理等方面，确保云环境的安全性与可靠性，保障系统稳定和业务连续性。

（4）大数据：在大数据处理环境中，需对数据收集、存储、使用、传输、提供、公开及销毁等各个环节进行全面评估，重点关注敏感数据的保护措施，确保数据处理过程符合相关的隐私保护及安全合规要求。

（5）物联网：若系统涉及物联网设备（如传感器、智能终端等），需评估这些设备的接入安全和数据传输的保密性等。

（6）移动应用：对系统中涉及的移动应用进行全面风险评估，包括数据传输安全性、应用防护措施以及用户认证机制等，确保移动端应用的安全性，防止数据泄露、滥用或未经授权的访问。

（7）人工智能：对于涉及人工智能技术的信息系统，需评估人工智能模型的安全性，重点关注防范恶意攻击、数据篡改及模型误用等风险，确保系统的安全性和可靠性。

（三）"环"维度

"环"维度关注系统运行环境的风险。涵盖影响复杂电力信息系统运行的相关环境，包括物理环境、网络环境 2 个二级评估维度域。

（1）物理环境：评估数据中心或机房的物理安全性，包括温湿度控制、防火防水措施、出入管控和防盗措施等，确保信息系统的设备在适宜、安全的物理环境中运行。

（2）网络环境：对信息系统的网络架构和连接方式进行评估，关注网络隔离、防火墙策略、防病毒措施等内容，确保网络环境安全，能够有效抵御来自外部和内部的网络威胁。

（四）"管"维度

"管"维度关注管理层面的风险控制，通过建立并执行合理的管理制度，确保复杂电力信息系统安全稳定运行。涵盖影响信息系统运行上管理维度内容，包括制度建设、监控评估、改进优化 3 个二级评估维度域。

（1）制度建设：评估是否已建立系统性的管理制度，包括运行维护策略、应急预案、权限管理等，确保管理规范化。

（2）监控评估：评估是否对信息系统运行情况进行有效的监控和评估，通过日志分析、事件监控等手段及时发现运行隐患。

（3）改进优化：在发现问题后，评估是否及时采取措施进行改进和优化，并建立完善的反馈机制，确保系统运行管理持续改进。

三、风险分析

风险分析阶段是对已识别的电力信息系统运行风险进行量化评估，综合计算各维度的风险值，帮助评估团队深入理解不同类型风险的严重程度。这一过程通过参考"信息系统风险评估表"及各维度的风险评估表，详细计算

"人、物、环、管"各个维度的风险值，确保风险评估方法的科学性和依据的充分性。该阶段依据附录 2-信息系统风险评估表及各维度风险评估表，得出已识别出的运行风险的现状对应的风险值。

（一）"人"维度

（1）根据现状调研结果，并参考附录 3 中关于关于风险发生概率的相关描述，评估"人"维度下各项风险的发生频率，并计算相应的"发生概率"得分。该评分依据操作人员、管理人员等的风险意识、岗位技能和操作行为等数据综合得出，旨在准确反映人员因素对系统安全的潜在影响。

（2）根据现状调研结果，参考附录 3-风险发生概率及影响程度参考表，分析每一项"人"维度风险发生可能对系统的安全性、稳定性和运行效率带来的影响程度，评估运行风险发生的概率，计算其"影响程度"得分。

（3）参考附录 4-风险评估"人"维度评估表，计算每一项"人"维度的运行风险值，公式为：风险值＝发生概率×影响程度。此风险值反映人员因素对系统运行的威胁程度。

（4）将所有"人"维度各个风险项的风险值逐项相加，得到该维度的综合风险值。该数值用于直观展示人员因素对系统的整体影响，为人员管理、培训提升和风险控制措施的制定提供数据支持。

（二）"物"维度

（1）根据现状调研数据，并参考附录 3 中关于风险发生概率的相关描述，评估"物"维度下各项风险的发生频率，并计算相应的"发生概率"得分。该评分依据组件的历史故障情况等数据综合得出，旨在准确反映风险的发生可能性。

（2）根据现状调研结果，参考附录 3-风险发生概率及影响程度参考表，分析每一项风险发生可能对系统的安全、稳定性和运行效率带来的影响程度，评估运行风险发生的概率，计算其"影响程度"得分。

（3）参考附录 5-风险评估"物"维度评估表，计算每一项"物"维度的运行风险值，公式为：风险值＝发生概率×影响程度。此风险值反映设备对系统运行的威胁程度。

（4）结合系统支撑组件可靠性能力建设情况，评估其可靠性能力系数。可参考附录 5 中可靠性能力系数的计算方法量化。

（5）将所有"物"维度的风险值相加，得到该维度的总体风险值。该数值用于直观展示设备和技术层面风险对系统的整体影响，为设备安全防护、系统升级和技术优化等提供数据支持。

（三）"环"维度

（1）依据附录 3 中的风险发生概率表，结合现状调研数据，对"环"维度的每个风险因素进行频率分析，计算其"发生概率"得分。例如，评估数据中心温湿度异常、网络故障发生的概率。

（2）根据现状调研结果，参考附录 3-风险发生概率及影响程度参考表，评估运行风险发生的概率，计算其"影响程度"得分。

（3）使用附录 6 中的"环"维度评估表，计算每项"环"维度的风险值，公式为：风险值＝发生概率×影响程度。此值反映了物理和网络环境对系统安全的威胁程度。

（4）将"环"维度各个风险项的风险值相加，得出该维度的综合风险值。该数值帮助识别环境因素对系统安全的综合影响，为环境监控及优化策略提供参考。

（四）"管"维度

（1）根据现状调研数据，参考附录 3 中关于风险发生概率的相关描述，评估"管理"维度下各项管理风险的发生频率，并计算相应的"发生概率"得分。该评分依据管理制度的建设情况、监控机制的健全性等数据综合得出，旨在准确反映管理因素对系统安全的潜在影响。

（2）根据现状调研结果，参考附录 3-风险发生概率及影响程度参考表，分析每一项"管理"维度风险发生可能对系统的安全性、稳定性和运行效率带来的影响程度，评估管理风险发生的概率，计算其"影响程度"得分。

（3）参考附录 7-风险评估"管理"维度评估表，计算每一项"管理"维度的运行风险值，公式为：风险值＝发生概率×影响程度。此风险值反映管理制度和流程风险对系统运行的威胁程度。

（4）结合当前时效性，评估制度执行和管理改进的保障系数。参考附录 7 中保障系数的计算方法，量化管理制度的有效性。

（5）将"管理"维度中各个风险值相加，得出该维度的综合风险值，反映制度流程对系统安全运行的影响，为进一步制度改进和管理优化提供决策依据。

通过对"人、物、环、管"四个维度风险值的计算，将各维度风险值赋予权重系数后相加，得出信息系统运行的综合风险分值。此分值直观反映了信息系统在当前运行环境中的总体风险水平，为风险控制决策提供数据支持。风险分析过程的每一步都依据调研数据和评估表进行，确保计算方法的科学性和结果的可靠性，符合组织的风险评估方法和管理需求。

四、风险评价

风险评价阶段是在完成风险分析后，结合风险等级划分标准，将复杂电力信息系统的各类运行风险分配到相应的风险等级，从而明确每一项风险的严重性。此过程有助于组织有效识别风险的优先级，确保资源能够集中分配到高风险领域，以最大限度地保障系统的安全与稳定运行。

根据风险等级划分，组织可以明确哪些运行风险需要优先应对，哪些风险处于可接受范围内，见表 5-2。此步骤为资源的合理分配提供了指导，确保组织能够将主要精力集中于解决最为严重的运行风险隐患，提升风险管控的效率和效果。

表 5-2 信息系统运行风险等级划分表

序号	风险等级	风险描述
1	重大	该级别的风险可能导致系统出现严重故障，甚至引发大规模的服务中断，直接威胁到复杂电力信息系统的整体安全性和稳定性。重大风险的发生可能导致多个关键业务模块瘫痪，严重干扰电力调度、数据传输等核心业务流程，因此必须优先采取紧急应对措施以进行有效控制和风险缓解 此类风险应被视为最高优先级，组织在识别到此类风险时应立即响应，并调配足够的资源确保快速处理和解决，以防止事态进一步恶化
2	严重	该级别的风险可能引发严重的系统功能异常或故障，显著影响复杂电力信息系统的部分关键业务流程 严重风险通常集中于单一或局部关键功能的失效，可能引发安全数据失真、系统资源过载等问题，从而影响电力信息系统的整体效率 此类风险应被视为次高优先级，确保及时应对并减少潜在影响
3	一般	该级别风险可能导致系统出现一定的故障或异常情况，但不会导致不可控的后果，且在短时间内能够得到控制或修复 一般风险多表现为单一模块的临时故障或功能异常，组织内的运维团队能够在预设时限内将故障恢复至正常状态 此类风险应被视为中等优先级。一般风险不会立即危及系统的核心功能，但需要做好监控和预防工作，以防止其演变为更高风险
4	轻微	该级别风险带来的故障或异常情况对系统影响较小，且通常能够快速恢复，不会对信息系统的核心业务造成显著影响 轻微风险表现为偶发的小规模系统异常，几乎不会影响业务的正常运行。常见例子包括特定设备的性能波动、非关键数据传输的短暂中断等 此类风险应被视为低优先级。运维团队在例行监控过程中关注此类风险，确保不发生意外升级即可
5	极轻	该级别风险的发生概率和影响程度极低，对系统的整体运行几乎没有实质性影响 保持监控和预防措施，以确保风险在可控范围内，且不对系统造成长期影响 此类风险应被视为最低优先级。适当关注，保持定期监控，但无需投入过多资源

五、风险控制

风险控制是将风险评估结果转化为具体行动的关键环节，其目的是通过有效的措施降低已识别风险的发生概率或减少其潜在影响。风险控制措施的设计、执行和后续监控是保障复杂电力信息系统稳定运行的重要步骤。

（一）制定及实施风险控制措施

基于风险评估结果，针对已识别的高级别运行风险，需要制定详尽的控制措施。这些措施应涵盖技术、管理和操作等各个层面的改进策略，旨在有效降低风险发生的可能性或减轻其潜在影响。在制定控制措施时，应明确责任人、实施步骤及时间规划，确保措施的执行具备高效性和准确性。

在实施过程中，应确保控制措施能够顺利融入现有的系统与流程中，避免因措施的执行而引入新的潜在风险。控制措施执行完毕后，需进行初步效果测试，以验证其是否达到了预期目标，从而进一步降低安全隐患，确保系统的安全性与稳定性。

对于风险等级为"一般"以上的风险，应视为不可接受风险，必须采取相应控制措施进行处理。如果短期内无法有效处理，应提供详细说明及解决方案。对于风险等级为"轻微"的风险，可以通过成本效益分析，决定是否接受该风险或采取控制措施。对于风险等级为"极轻"的风险，可视为可接受风险，暂不采取控制措施，但需进行持续监控，以便及时预防可能发生的风险，见表5-3。

表 5-3　风险控制措施表

序号	风险等级	应采取的行动/控制措施	实施期限
1	重大	立即启动紧急响应计划，对受影响系统进行隔离，迅速采取技术干预措施以避免故障扩散，同时进行全面的安全评估以确定根本原因，并制定长期的预防策略	立即整改，以确保风险得到有效控制
2	严重	实施快速诊断和临时修复措施，加强监控和日志分析，以便迅速定位问题并制定长期解决方案，同时更新应急预案以提高对此类风险的响应效率	及时整改，以降低风险至可接受水平
3	一般	建立目标和操作规程，对相关人员进行应急处理培训，提高人员对风险的认识和应对能力	按计划整改，确保风险控制措施得到有效实施
4	轻微	定期检查和评估，确保风险控制措施得到持续监督和更新。建立快速恢复流程，以便在发生轻微故障时能够迅速恢复正常运行	条件具备时整改，在资源和条件允许的情况下进行风险控制措施的优化
5	极轻	持续监控，记录和分析偶发问题，定期审查和更新系统的风险管理策略，以便在问题发生时能够快速识别并处理	视为可接受风险,保持持续监控,暂时不需整改

（二）跟踪及监控风险控制措施有效性

在控制措施实施后，需要定期跟踪和监控其有效性。这可以通过日志分析、系统监控、内部审计等多种手段来实现，旨在验证已采取的控制措施是否有效降低了风险等级，并确保其持续有效性。监控过程中，如发现措施执行不理想、效果未达预期，或风险仍然存在，应立即对控制措施进行调整、优化或加强，以确保措施能够持续有效地应对潜在风险。

为了提升风险控制的实时性和响应速度，建议引入自动化监控流程。自动化监控不仅能够确保监控工作的连续性、准确性和实时性，减少人为操作的依赖，还能有效提高整体管理效率。通过自动化手段，能够更迅速地识别潜在问题，并及时做出响应，确保控制措施始终保持在最佳执行状态，进一步提升系统安全性和稳定性。

（三）风险定期评估与反馈

在风险控制措施实施后，为确保其长期有效性，必须定期对整体风险状况进行评估。根据业务特点和风险环境的变化，应合理设定评估的频率，通常可以每季度或每年进行一次全面检查，以全面评估风险控制措施的长期效果。通过周期性的风险评估，能够及时识别新的风险因素，并对已识别的风险进行重新审视，确保现有的控制措施依然有效，并能够适应不断变化的风险环境。

此外，应建立完善的反馈机制，设立跨部门的反馈渠道，收集各部门关于风险控制效果的意见与建议。例如，运维团队、业务部门、信息安全部门等可提供关于风险管理的观察和改进建议，以便持续优化风险管理策略，提升控制措施的实用性和针对性。

当面临新出现的风险或系统、业务环境的变化（如引入新技术、法规变更或业务流程调整）时，必须根据收集到的反馈及时更新和调整控制措施，确保这些措施能够应对新的风险情境，避免因不适应变化而引发的风险反弹或产生新的隐患。

风险管理是一个动态的过程，随着复杂电力信息系统的持续发展以及外部环境的不断变化，风险控制措施也需要不断优化和改进。通过定期的评估、有效的反馈和灵活的调整机制，确保控制措施始终保持在最佳状态，从而有效保障电力信息系统的安全性和稳定性。

第四节　应用场景

为了确保复杂电力信息系统的安全与稳定运行，组织应高度重视其运行风险管理工作。复杂电力信息系统的运行风险管理不仅是一个静态过程，更是一个动态、持续更新的过程，需定期梳理系统运行风险，针对性地开展风险识别、风险分析、风险评估和风险控制工作，以便及时了解、掌握并化解可能的运行风险。

复杂电力信息系统的运行风险应根据系统的具体情况和需求进行系统性分析，涵盖年度综合评估和重大变更评估等内容。通过全面识别和评估可能影响系统可靠运行的内外部风险因素，确保风险评估更加聚焦、精准，进而有效保障系统的可靠性和安全性。

一、年度综合评估

复杂电力信息系统运行风险评估应定期执行，每年可全面、系统的组织开展一次电力信息系统风险评估工作，依据复杂电力信息系统运行情况，识别可能影响信息系统可靠运行的风险类型，评估其风险值与风险等级，形成该复杂电力信息系统的风险清单。

针对不同类型的风险，组织将制定具有针对性的风险控制措施。在措施的实施过程中，优先考虑改进那些风险等级较高的项目，并将这些风险控制活动纳入日常工作之中。这一系列的举措旨在有效回避、降低和监测风险，从而确保电力信息系统的安全稳定运行。

（一）风险识别与分类

（1）定期识别风险类型：在每年的评估工作中，通过对系统实际运行情况的分析，识别出影响系统运行的不同类型的风险。例如，设备老化、网络安全、数据泄露等风险均需在风险识别阶段逐一分析。

（2）更新风险库：每次综合评估后，应将新增或变化的风险信息录入风险库，并更新其内容，以为后续评估提供准确的数据支持。

（二）风险值与风险等级的评估

（1）定量与定性分析：根据系统运行的相关数据（如故障发生频率、事件日志、外部威胁信息等），对各类风险的发生概率和影响程度进行定量计算。同时，结合系统专业人员的定性分析，确保风险评估的全面性和准确性。

（2）风险等级划分：依据评估结果，将各项风险按其严重程度划分为重大、严重、一般、轻微和极轻等级，以便组织优先处理高风险项目，并采取相应的控制措施。

（三）风险清单的制定与更新

（1）建立年度风险清单：根据风险评估结果，列出当前年度电力信息系统的所有风险项，形成风险清单。风险清单应详细列明每项风险的描述、发生原因、风险等级、潜在影响以及现有的控制措施等信息。

（2）制定年度目标与优先级计划：根据不同风险等级，制定详细的控制措施和改进策略。对于风险等级较高的项目，应优先分配资源进行改进。将高风险项目的控制措施纳入日常工作和运维流程中，确保风险管理的常态化和持续改进。

（四）实施与监控

（1）定期跟踪和效果评估：在实施风险控制措施后，定期监控各项措施的执行情况，确认其有效性。通过日志审查、系统监控等手段，确保各项控制措施能够有效降低风险。

（2）反馈与改进：将风险管理过程中的实际情况和发现的薄弱环节反馈到风险管理体系中，逐步优化风险控制措施，形成闭环管理模式，确保年度风险清单中的每项风险都能够在可控范围内。

（五）年度总结与报告

（1）总结评估成效：每年结束后，组织应撰写详细的年度总结报告，汇总评估过程中发现的主要风险、采取的控制措施及其成效，并提出下一年度的改进方向和重点任务。

（2）风险管理能力提升：通过总结前一年度的经验和教训，不断提升风险管理能力，增强应对未来可能发生的风险的能力，为系统的长期安全与稳定提供保障。

二、重大变更评估

当系统、业务流程或运行方式发生显著变化时，需要对复杂电力信息系统的运行风险进行重大变更评估，以确保变更不会引入新的风险或加剧现有风险，重大变更包括以下情况（但不限于）：

（1）增加新的应用或应用发生较大变更；

（2）网络结构和连接状况发生较大变更；

（3）技术平台大规模的更新；

（4）系统扩容或改造；

（5）发生重大事件后，或基于某些运行记录怀疑将发生重大事件；

（6）组织结构发生重大变动对系统产生了影响；

（7）重大活动期间对系统运行稳定有更高的要求。

这种评估会根据复杂电力信息系统的实际情况和变化调整评估范围，针对所涉及的评估维度进行深入的专项风险评估，及时调整风险等级。在此基础上，制定与之相适应的风险控制措施，并据此更新风险清单，确保风险评估的时效性和准确性，其中包括以下方面。

（一）评估触发条件

（1）新增或重大更改应用系统：新应用系统的引入或现有应用系统的重大更改可能会引入新的接口、权限、依赖关系等因素，从而影响系统的整体安全性。因此，在进行相关更改时，需对新增或修改的系统进行全面的风险评估，确保新风险因素得到有效控制。

（2）网络结构的变动：网络结构的调整或扩容（例如引入新网段、调整路由配置等）可能改变信息流通模式，进而影响网络的隔离性和安全性。在网络变动后，应及时重新评估网络安全风险，确保网络架构符合安全要求，并有效防范潜在的安全漏洞。

（3）技术平台更新：大规模技术平台的更新（如系统软件的升级、更换操作系统或部署新技术平台等）可能导致现有控制措施失效或产生兼容性问题。因此，更新前应进行风险评估，确保新平台与现有控制措施的兼容性，并及时调整控制策略以应对新环境带来的风险。

（4）系统扩容或改造：系统扩容或改造涉及硬件和软件的调整，可能引发新的设备配置问题或性能瓶颈。在扩容或改造后，应对新的系统架构进行风险评估，确保新增的硬件和软件组件不会对系统安全性或稳定性产生不良影响。

（5）重大事件发生后：在系统发生重大故障、事故或受到网络攻击等事件后，应对系统进行全面审查，重新评估风险等级，并根据实际情况制定相应的控制措施。这有助于发现潜在的安全隐患并加强系统的防护能力。

（6）组织结构变动的影响：组织内部结构的调整（如部门合并、人员变动等）可能影响系统的访问控制和管理流程。在此情况下，需重新分析相关风险，确保新的组织结构能够有效实施访问控制和安全管理，并避免因人员变动或组织调整带来的系统运行漏洞。

（7）特殊活动或重要时段：在特定活动期间（如大型赛事、重要会议等）对系统稳定性和可靠性要求较高时，应在活动前进行专项风险评估。此评估应重点关注在特定时段内可能出现的系统负荷增加、网络流量波动等因素，确保系统能够稳定运行，避免因突发情况导致的安全事件或服务中断。

（二）更新风险等级与清单

（1）风险等级重新划分：根据变更的实际影响，重新评估和调整相关风险项的等级，确保风险控制措施能够与系统的最新状态相匹配，及时反映变更后的风险水平。

（2）更新风险清单：将变更引入的新风险或调整后的风险等级及时纳入风险清单，确保风险清单准确、全面地反映变更后的系统风险状况，为后续的风险管理提供充分依据。

（三）制定与实施变更后的控制措施

（1）控制措施的更新与执行：在完成变更评估后，根据更新后的风险清单调整相应的控制措施，特别是针对高等级风险项，制订快速且有效的控制计划，以防止新引入的风险对系统运行稳定性产生不利影响，确保系统安全性和可靠性不受威胁。

（2）培训与演练：当变更涉及操作流程或系统配置的调整时，必须确保相关人员接受充分的培训，熟悉新的控制措施和操作规范。同时，通过定期的应急演练验证人员的反应能力，以及控制措施的实际有效性，以确保应对突发事件时能够迅速而准确地采取措施。

（四）变更后风险的持续监控与评估

（1）强化实时监控：在变更实施后，需建立强化的实时监控机制，特别是在变更后的初期阶段，确保能够及时发现和捕捉系统异常情况，以保障变更后系统的稳定运行和安全性。

（2）定期复查与反馈：对变更后的风险控制措施进行定期复查，及时收集操作人员、管理层及其他相关部门的反馈意见，根据系统的实际运行情况进行调整和优化，以持续提升控制措施的有效性和适应性。

（五）时效性和准确性保障

（1）确保快速响应：在发生重大变更时，评估团队应立即响应，迅速开展专项评估，制定并实施相应的控制措施，以确保及时识别和应对潜在风险，防止风险失控。

（2）及时更新与调整：随着复杂电力信息系统的持续发展与变化，组织应定期回顾和更新风险评估流程，确保其能够有效应对不同变更场景，并保持评估的时效性和准确性，以适应系统的不断演进。

附　　录

附录1：风险评估维度

风险评估维度

一级评估维度	二级评估维度	三级评估维度
人	风险意识	风险认知
		职责认知
	岗位技能	岗位资质
		岗位年限
		关键岗位
		应急能力
	操作行为	流程理解
		操作规范
物	基础设施	硬件设施
		软件设施
	应用系统	访问与身份管理
		数据存储与管理
		系统集成与接口
		审计与监控
		安全防护
	云计算	基础设施服务
		平台服务
		软件服务
		容灾备份
		性能监控与管理

155

一级评估维度	二级评估维度	三级评估维度
物	大数据	数据收集
		数据存储
		数据使用
		数据传输
		数据提供
		数据公开
		数据销毁
	物联网	感知节点管控
		网关节点管控
	移动应用	移动应用管控
		移动设备管控
	人工智能	模型算法管控
		算力资源管控
环	物理环境	防火
		防雷击
		防盗窃与破坏
		防水防潮
		防静电
		温湿度控制
		电力供应
		电磁防护
		物理访问控制
	网络环境	分区分级
		网络专用
		横向隔离
		纵向认证

续表

一级评估维度	二级评估维度	三级评估维度
管理	制度建设	管理要求
		管理程序
		操作规程
		操作表单
	监控评估	定期巡检
		运行监控
		应急处置
	改进优化	制度迭代
		问题整改

附录 2：信息系统风险评估表

复杂电力信息系统运行风险评估表（示例）

一级评估维度	二级评估维度	三级评估维度	风险描述	发生概率（P）	影响程度（I）	分值
物	基础设施	硬件设施				
	…	…				
环	物理环境					
	…					
人	风险意识					
	…					
管理	制度建设					
	…					

附录3：风险发生概率及影响程度参考表

复杂电力信息系统运行风险发生概率参考表（示例）

序号	概率描述	概率级别
1	极低（几乎不可能发生）	1
2	低（偶尔发生）	2
3	中（可能发生）	3
4	高（经常发生）	4
5	极高（几乎肯定发生）	5

复杂电力信息系统运行风险影响程度参考表（示例）

序号	风险影响描述	影响级别
1	极小（对系统运行几乎无影响）	1
2	小（对系统运行有轻微影响）	2
3	中（对系统运行有中等影响）	3
4	大（对系统运行有显著影响）	4
5	极大（对系统运行造成严重影响）	5

附录4：风险评估"人"维度评估表

复杂电力信息系统运行风险评估"人"维度评估表（示例）

一级评估维度	二级评估维度	三级评估维度	风险描述	发生概率（P）	影响程度（I）	分值
人	风险意识	风险认知	例：系统运行风险认知薄弱	3	3	9
		职责认知				
	岗位技能	岗位能力				
		岗位资质				
		岗位年限				
		关键岗位				
		应急能力				
	操作行为	流程理解				
		操作规范				

附录5：风险评估"物"维度评估表

复杂电力信息系统运行风险评估"物"维度评估表（示例）

一级评估维度	二级评估维度	三级评估维度	风险描述	发生概率（P）	影响程度（I）	分值
物	基础设施	硬件设施	例：核心路由器单点风险	3	3	9
		软件设施				
	应用系统	访问与身份管理				
		数据存储与管理				
		系统集成与接口				
		审计与监控				
		安全防护				
	云计算	基础设施服务				
		平台服务				
		软件服务				
		容灾备份				
		性能监控与管理				
	大数据	数据收集				
		数据存储				
		数据使用				
		数据传输				
		数据提供				
		数据公开				
		数据销毁				
	物联网	感知节点管控				
		网关节点管控				
	移动应用	移动设备管控				
		移动应用管控				
	人工智能	模型算法管控				
		算力资源管控				

可靠性能力系数表（r）

权重等级	权重等级描述	无替代方案	有替代方案
		权重分数	权重分数
高权重	属于信息系统的核心设备，一旦故障将导致信息系统大部分设备瘫痪	2	1.5
中权重	属于信息系统的重要设备，一旦故障对信息系统多个部分有重要影响	1.5	1.2
低权重	属于信息系统的次要设备，一旦故障仅会影响信息系统局部功能，不会对系统整体运行产生显著影响	0.8	0.5

附录6：风险评估"环"维度评估表

复杂电力信息系统运行风险评估"环"维度评估表（示例）

一级评估维度	二级评估维度	三级评估维度	风险描述	发生概率（P）	影响程度（I）	分值
环	物理环境	防火	例：耐火隔离缺失风险	3	3	9
		防雷击				
		防盗窃与破坏				
		防水防潮				
		防静电				
		温湿度控制				
		电力供应				
		电磁防护				
		物理访问控制				
	网络环境	分区分级				
		网络专用				
		横向隔离				
		纵向认证				

附录7：风险评估"管"维度评估表

复杂电力信息系统运行风险评估"管"维度评估表（示例）

一级评估维度	二级评估维度	三级评估维度	风险描述	发生概率（P）	影响程度（I）	分值
管	制度建设	管理要求	例：顶层管理要求执行不到位	3	3	9
		管理程序				
		操作规程				
		操作表单				
	监控评估	定期巡检				
		运行监控				
		应急处置				
	改进优化	制度迭代				
		问题整改				

特殊保障时期风险系数表（G）

保障级别	特级保供电	一级保供电	二级保供电	三级保供电	特殊保障时期	一般时期
系数	2	1.6	1.4	1.2	1.1	1

参考文献

［1］ 全国信息安全标准化技术委员会. 信息安全技术网络安全等级保护基本要求：GB/T 22239—2019［S］. 北京：中国标准出版社，2019.

［2］ 全国信息安全标准化技术委员会. 信息安全技术信息安全风险评估方法：GB/T 20984—2022［S］. 北京：中国标准出版社，2022.

［3］ 全国信息安全标准化技术委员会. 信息安全技术工业控制系统风险评估实施指南：GB/T 36466—2018［S］. 北京：中国标准出版社，2018.

［4］ 全国信息安全标准化技术委员会. 金融信息系统网络安全风险评估规范：GB/T 42926—2023［S］. 北京：中国标准出版社，2023.

［5］ 全国信息安全标准化技术委员会. 信息安全技术云计算服务安全能力要求：GB/T 31168—2023［S］. 北京：中国标准出版社，2023.

［6］ 全国信息安全标准化技术委员会. 信息安全技术大数据服务安全能力要求：GB/T 35274—2023［S］. 北京：中国标准出版社，2023.

［7］ 全国信息安全标准化技术委员会. 信息安全技术云计算服务运行监管框架：GB/T 37972—2019［S］. 北京：中国标准出版社，2019.

［8］ 全国信息安全标准化技术委员会.GB/T 33132—2016 信息安全技术信息安全风险处理实施指南［S］. 北京：中国标准出版社，2016.

［9］ 全国信息安全标准化技术委员会. 安全与韧性业务连续性管理体系要求：GB/T 30146—2023［S］. 北京：中国标准出版社，2023.

［10］ 全国信息安全标准化技术委员会. 电网运行风险监测、评估及可视化技术规范：GB/T 40585—2021［S］. 北京：中国标准出版社，2021.

［11］ 全国信息安全标准化技术委员会. 电力监控系统网络安全评估指南：

GB/T 38318—2019〔S〕. 北京：中国标准出版社，2019.

［12］ 国际标准化组织（ISO）. 2022 信息安全技术网络安全风险管理：ISO/IEC 27001〔S〕. 2022.

［13］ 国家能源局. 电力行业网络安全等级保护管理办法〔Z〕. 2022.

［14］ 国家能源局. 发电企业安全生产风险管控体系建设导则（火电分册，征求意见稿）〔Z〕. 2018.

［15］ 国家能源局. 电网安全风险管控办法（征求意见稿）〔Z〕. 2024.

［16］ 国家能源局. 重大活动电力安全保障工作规定〔Z〕. 国能发安全〔2020〕18 号，2020.

［17］ 全国网络安全标准化技术委员会. 人工智能安全治理框架〔Z〕. 2024.

［18］ NIST. Guide for Conducting Risk Assessments：NIST SP 800-30 Rev. 1〔R〕. 2012.

［19］ 卡内基梅隆大学计算机应急小组（CERT）. OCTAVE（Operationally Critical Threat，Asset，and Vulnerability Evaluation，可操作的关键威胁、资产和薄弱点评估）〔R〕. 1999.

［20］ ISACA. COBIT（Control Objectives for Information and related Technology）〔R〕. 1996.